人工智能模式下
危险品平仓仓库多样化设计

张方伟　王舒鸿　孙　晶　著

科学出版社

北　京

内 容 简 介

本书借鉴国内外先进的危险品仓库建设和管理经验，以最优化理论和多属性决策理论为主要工具，有效结合建筑、计算机编程、统计分析等技术，提出一套危险品平仓仓库结构改造与作业优化方案。本书实现了最优化理论与多属性决策理论的结合，并将其应用到危险品仓储作业优化领域。另外，本书给出了危险品平仓仓库的智能化建设方案，为不同市场环境下的危险品平仓仓库指出了个性化发展方向。

本书可作为交通运输规划与管理、交通工程、物流工程等专业的研究生教材，也可供高校、研究院所从事相关专业的师生和研究工作者使用。

图书在版编目（CIP）数据

人工智能模式下危险品平仓仓库多样化设计 / 张方伟，王舒鸿，孙晶著. —北京：科学出版社，2022.9
　　ISBN 978-7-03-072687-2

Ⅰ. ①人… Ⅱ. ①张… ②王… ③孙… Ⅲ. ①人工智能-应用-危险品库-建筑设计 Ⅳ. ①TU249.9-39

中国版本图书馆 CIP 数据核字（2022）第 113308 号

责任编辑：陶　璇/责任校对：贾娜娜
责任印制：张　伟/封面设计：蓝正设计

科 学 出 版 社 出版
北京东黄城根北街 16 号
邮政编码：100717
http://www.sciencep.com

北京厚诚则铭印刷科技有限公司 印刷
科学出版社发行　各地新华书店经销

＊

2022 年 9 月第　一　版　　开本：720×1000　1/16
2023 年 2 月第二次印刷　　印张：11 1/4
字数：230000

定价：115.00 元
（如有印装质量问题，我社负责调换）

前　言

2015 年以来，我国危险品仓库发生了一系列安全事故，我们痛心于这些事故带来的人员伤亡及财产损失，开始对危险品仓库进行研究。自 2016 年以来，我们先后调研了新加坡、上海、常熟、张家港等地的多所危险品仓库，深刻认识到"在中国，危险品仓储是整个物流行业的洼地，面临着迫切的改革需求"。进一步地，通过对政府相关管理部门及仓储客户的调研，我们认识到智能化建设是解决危险品仓储安全问题的出路。为了帮助仓储企业更安全、更高效地发展，本书以智能化管理客户的仓储需求为目标，系统研究了中国建筑面积最大、数量最多的包装危险品仓库——双门平仓仓库，并在符合安全标准的前提下，利用一系列数学模型实现双门平仓仓库仓储作业效率的分阶段帕累托提升。具体地，危险品仓库的智能化建设分三个阶段，第一个阶段是危险品仓库的几何结构改造，第二个阶段是危险品仓库的软件建设，第三个阶段是危险品仓库的管理平台建设。在本书中，仓库的几何结构改造、仓库类型的多样化设计是危险品仓库智能化的工程基础，叉车运行算法设计是危险品仓库智能化建设的软件基础，向客户提供多元化、差异化的服务，对仓储需求进行高效管理是危险品仓库智能化的目标。

首先，本书借鉴新加坡等世界一流危险品仓库的建设和管理经验，围绕"出入库作业"这一危险品仓库业务的核心环节，以最优化理论和多属性决策理论为主要工具，有效结合建筑、计算机编程、统计分析等技术，提出一套平仓仓库改造与优化方案。其次，本书以危险品平仓仓库的几何结构改造为工程基础，以专业的仓库管理信息系统为软件基础，创建危险品仓库需求管理平台，以实现对客户仓储需求的即时化、多元化、差异化、信息化及智能化管理。在学术上，本书的最大贡献是给出了危险品仓储作业的安全度计算公式，特色是将最优化理论与多属性决策理论结合起来。在工程上，本书创造性地给出了危险品仓库仓储需求管理的信息化路线图，以及仓库仓储需求管理平台的建设方案，为不同的危险品仓库指出个性化的发展方向。

本书的出版得到了上海市浦江人才计划（编号 2019PJC062）、山东省自然科学基金（编号 ZR2021MG003）和国家自然科学基金（编号 51508319）的资助，在此表示感谢。我对帮助过我的上海国际港务集团的朱同顺高工、雍自锋经理、罗杰经理、张华进经理，中国南京外轮代理有限公司的高级经济师胡东昕书记，以及上海海事大学的王学峰教授、陈继红教授、万征副教授、尹传忠副教授、罗莉华副教授、张欣副教授、王芹老师等表示感谢；对新加坡国立大学的孟强教授、曹志广助理教授、李浩斌助理教授、熊鹏助理教授、谢亚娟老师、Guanke Liew 同学、黄金晶同学表示感谢；对东南大学的王炜教授、陈淑燕教授、李志斌教授、吴忠军博士、张子煜同学表示感谢；对大连海事大学的匡海波教授、孙卓教授表示感谢；对我的学生唐旭峰、李霞光、刘志丹、陆沛成、张渊铭、孙雪、李嘉如、江慧、龚孟婷、徐昶悦、何瀚翔、徐逸群、奚紫娟、王文婧、卢丹妮、李俊博、李静媛、崔阳、马怡鑫、刘卫乐等表示感谢！另外，我还要感谢我的家人宋毅。没有大家的支持，我无法完成这一出版任务。

　　"独行快速，众行长远"。受作者水平所限，书中难免存在不足之处，欢迎大家加入危险品仓库的研究，并不吝批评指正。

张方伟
2022 年 2 月

目　　录

第1章　绪论 ·· 1

　1.1　国内外相关研究 ··· 1

　1.2　国内外危险品仓库调研 ·· 4

　1.3　危险品仓库的主要矛盾 ·· 6

　1.4　撰写思路及主要内容 ··· 9

第2章　四门危险品平仓仓库与互通危险品平仓仓库的设计 ···················· 12

　2.1　四门危险品平仓仓库设计及叉车运行线路的优化方法 ······················ 13

　2.2　互通危险品平仓仓库设计及叉车运行线路的优化方法 ······················ 27

　2.3　互通危险品平仓仓库中隔离门使用的决策方法 ······························ 40

　2.4　本章小结 ·· 49

第3章　互通危险品平仓仓库分阶段作业及作业链研究 ························· 50

　3.1　互通危险品平仓仓库的瀑布作业机制及实现方法 ··························· 51

　3.2　互通危险品平仓仓库仓储作业的三次指派模型及实现方法 ················ 60

　3.3　互通危险品平仓仓库仓储作业链及作业优化方法 ··························· 70

　3.4　本章小结 ·· 78

第4章　环岛危险品平仓仓库叉车运行规则及分区作业研究 ··················· 80

　4.1　环岛危险品平仓仓库叉车运行规则设置的决策方法 ························· 81

　4.2　基于综合效用的环岛危险品平仓仓库分区作业方法 ························· 96

　4.3　本章小结 ··· 109

第5章　多类型危险品平仓仓库仓储需求管理 ································· 111

　5.1　危险品仓储管理分析及仓库的多样化建设 ································· 112

　5.2　各类型危险品仓库仓储成本计算方法 ····································· 117

　5.3　压仓条件下临时货位设置的分层决策方法 ································ 135

5.4 本章小结 ……………………………………………………… 146

第 6 章 危险品平仓仓库智能化建设方案 ………………………… 148
  6.1 危险品平仓仓库智能化建设的三阶段方案 ……………………… 149
  6.2 危险品平仓仓库智能化建筑建设阶段 ………………………… 150
  6.3 危险品平仓仓库智能化软件建设阶段 ………………………… 153
  6.4 危险品平仓仓库智能化管理平台建设阶段 …………………… 155
  6.5 本章小结 ……………………………………………………… 160

第 7 章 总结与展望 ……………………………………………… 161

参考文献 ……………………………………………………………… 163

第1章 绪　　论

近年来，我国危险品仓库发生了一系列安全事故，这些事故在造成国家财产损失的同时也给社会带来惨重的人员伤亡。据统计，2013~2018年，全国共发生化工事故974起，造成1253人死亡[1]。特别地，2015年8月12日，天津瑞海危险品仓库发生爆炸，造成165人遇难，8人失踪①；2019年7月19日，河南省煤气（集团）有限责任公司义马气化厂罐区外发生爆炸着火事故，造成15人遇难，16人重伤②。2019年3月21日，江苏响水化工厂发生爆炸事故，导致78人遇难③。

面对严重的危险品安全事故，2016年10月至2019年3月，著者先后调研了新加坡Cogent危险品仓库、新加坡YCH危险品仓库、上海中远化工物流有限公司奉贤危险品仓库、上海国际港务集团临港危险品仓库、苏州中远海运化工物流有限公司化工仓库和南京中远物流有限公司危险品仓库，又先后调研了上海港、新加坡港、常熟港、南京港和烟台港。通过对上海中远化工物流有限公司奉贤危险品仓库和上海国际港务集团临港危险品仓库的调研，以及对国内外危险品仓库的研究，以找到危险品仓库屡屡发生安全事故的症结，从而为危险品仓库的发展寻找出路。

1.1　国内外相关研究

为改造中国数量最多的包装危险品平仓仓库，著者查阅了大量学术文献、技

---

① 国务院批复的天津港"8·12"瑞海公司危险品仓库特别重大火灾爆炸事故调查报告，此次事故造成165人遇难，8人失踪。

② 资料来源：海南省应急管理厅. 义马气化厂"7·19"爆炸事故调查报告. http://yjglt.hainan.gov.cn/xxgk/sgdcbg/，202008/t20200810_2831571.html，2020-08-10.

③ 资料来源：兰州新闻网. 江苏响水"3·21"化工厂爆炸事故 死亡人数升至78人. http://www.lzbs.com.cn/gnnews/2019-03-26/content_4472475.htm，2019-03-26.

术资料和产业案例。下面，简单介绍现行危险品仓库的仓储与管理政策[2~4]、危险品仓库数据采集与融合[5]、危险品仓库风险管控[6]、危险品仓库叉车路径优化[7]、模糊多属性决策理论[8]，以及智能危险品仓库等领域的最新研究成果[9]。

1. 危险品仓库的仓储与管理政策

为保证研究符合中国法律法规的要求，著者关注了国内危险品仓储政策的内容。在危险品仓储政策方面，著者主要参考了一系列建筑及消防规范，如《建筑设计防火规范》《建筑灭火器配置设计规范》《火灾自动报警系统设计规范》《自动喷水灭火系统设计规范》《消防给水及消火栓系统技术规范》《化学品作业场所安全警示标志规范》等规范[10~15]，研究了在危险品房间之间设置隔离门的可行性。研究结果及实际调研表明，隔离门的设置符合上述危险品仓库的建筑设计规范及消防规范。因此，著者在危险品房间之间设置隔离门。另外，著者对新加坡、上海、张家港、南通、常熟等地的危险品仓库做了调研，得到如下结论：①现有的仓库管理政策缺乏对射频识别（radio frequency identification，RFID）技术、传感器技术、车载车辆监控预警等技术的综合使用指导与规范；②相对于国外，在国内危险品仓库的安全规范中，对处理叉车故障时的仓储作业效率考虑较少。

2. 危险品仓库数据采集与融合

目前在我国的危险品仓库，仓储作业信息的采集主要依靠传统固定式检测设备和新型移动式检测设备。传统固定式检测设备主要有埋设在仓库下的地感线圈检测器[16]，架设在仓库里的检测器、摄像头等[17]，新型移动式检测设备主要是指手机等移动设备[18]。为充分利用各种设备采集的信息，著者重点关注了多源信息的融合技术。例如，Walker 等对卫星传感器所提供空间数据的融合进行了研究[19]，Bachmann 等通过获取车载蓝牙信号与通道地感线圈信息并进行融合以估算车辆旅行时间[20]。同时，为有效分析多源数据，著者也关注了面板数据存储的计算机技术[21]。

3. 危险品仓库风险管控

在危险品仓库风险管控方面，学者们对危险品仓库与常规仓库的区别研究较少，现有研究主要围绕危险源、危险扩散机理及危险防控等角度展开。例如，Rigas 和 Sklavounos 对希腊 Piraeus 港的危险品仓库可能发生事故的风险与后果进行了调查和分析，并且通过定量风险评估进行建模[22]。Gaci 和 Mathieu 将仓库视为复杂适应系统，用复杂系统的理论研究危险品仓库的仓储活动，进而将作业人员纳入多目标系统进行建模并模拟事故[23]。Liu 等提出了易燃易爆危险化学品仓库的风险管理技术体系框架，并对危险品仓库的运营管理进行了风险分析[24]。上述研究为本书在安全建设方面提供了很好的经验借鉴。

4. 危险品仓库叉车路径优化

目前，国内外关于普通仓库车辆运行的研究较多，关于危险品仓库叉车路径优化的研究较少。例如，Zhou 和 Wang 提出了基于局部搜索的多目标优化算法来解决带有时间窗口的车辆路径优化问题，该算法为不同目标设计不同的局部搜索方法，用简单且高效的方法协同优化不同的目标[25]。Kovacs 等通过考虑多个目标条件下的车辆线路问题，来提高司机协同性和到达时间一致性[26]。Malikopoulos 等提出了一种并联混合动力汽车中监控电源管理控制系统的方法[27]。Wang 等探索了物流行业中带有同时送货和取件的时间窗口的车辆路径优化问题，该研究揭示了现实仓储环境中仓储目标的特点[28]。Azizipanah-Abarghooee 等为插电式电动汽车的充放电节点设计了模糊逻辑控制器[29]。Lu 等为并网模式下的微电网提出多目标最优调度模型，并考虑了微电网系统的作业代价和环保代价[30]。Zhang 等利用多目标优化算法计算电动汽车的最佳混合储能大小[31]。上述成果在自动化建设方面为本书提供了很好的经验借鉴。

5. 模糊多属性决策理论

近年来，不确定多属性决策理论，特别是模糊多属性决策理论的发展，为研究危险品平仓仓库的几何结构优化提供了有力的工具。由于模糊数学在缺乏数据支撑参数的估算上可以发挥较好的作用，我们关注了模糊参数的赋值与运算问题[32, 33]，并重点关注了带有直觉模糊参数、犹豫模糊参数、毕达哥拉斯模糊参数或中智模糊参数的多属性决策问题[34~37]。在实际应用上，模糊决策理论在交通控制、物流方案优选、工程建设等领域都取得了比较好的效果[38~40]。另外，著者预研了模糊决策理论在危险品仓库的结构改造与优化问题[41~43]，夯实了本书的理论基础。

6. 智能危险品仓库

目前国内外关于智能仓库的研究主要侧重于存储常规商品的仓库。例如，Tse 等研究了智能仓库中拣货与货物包装的自动化实现途径[44]；Pulungan 等从控制的角度研究了智能仓库仓储作业的主要步骤[45]；Mao 等利用分布式存储云模型，以及物联网技术采集的数据，提出一种基于云模型的智能仓库管理系统建设方案[46]。同年，李明对一般仓库的智慧拆零拣选技术进行了详细介绍，并对阵列式自动拣选系统的配置优化方法进行研究[47]。与存储常规商品的智能仓库研究相比，现阶段国内外危险品仓库的智能化水平较低，学者们对智能危险品仓库的研究较少，危险品仓库智能化建设是整个物流领域的洼地。

通过分析国内外关于危险品仓储政策、数据融合技术、危险品仓库风险管理、危险品仓库叉车路径优化、模糊多属性决策的现有研究成果，得到如下结论。

（1）现有危险品物流的研究集中在危险品运输方面，对危险品仓库几何结构优化的关注很少。当前，我国危险品平仓仓库的发展水平已与社会需求有了相当的脱节，这种脱节使危险品仓库在全国范围内事故频发，给我国群众带来严重伤亡，导致国家遭受严重的经济损失。在一次次的事故面前，著者深刻认识到升级改造危险品平仓仓库的必要性和紧迫性，危险品仓库结构改革势在必行。

（2）业界有了必须改造与设计新的危险品平仓仓库的意识，然而没有指出危险品平仓仓库发展的路线。另外，尤为重要的是，当业界新设计了危险品仓库的几何结构后，其设计的目的、结果和过程很难被数据化和算法化。在上述背景下推动危险品平仓仓库的结构多样化，是著者撰写本书的原动力。

（3）随着时代的发展，客户的仓储需求被极度细分，然而在供给侧，危险品仓库能够提供的仓储服务相对单一，供给侧的发展速度难以匹配需求侧的发展速度。客户在大数据、云计算、人工智能面前已经有了全新的商业模式，其仓储需求早已超出了将危险品暂存于仓库的概念，遗憾的是，供给侧的仓储标准没有跟上时代的发展，仓储条件单一，缺乏对安全、效率与成本的辩证思考，难以满足客户的需要。综合来讲，仓储企业亟须对客户的仓储需求实现智能化的管理。

1.2　国内外危险品仓库调研

为了寻找我国危险品仓库屡屡发生事故的症结，为危险品仓库规划发展道路，2015~2021年，著者对新加坡、上海、张家港等地危险品仓储企业进行了广泛的调研。汇总上述调研结果可以得到如下结论。

（1）我国目前主要有平仓仓库、储罐仓库、立体仓库、货棚与货场四种危险品仓库类型，其中平仓仓库的占比最大，占总仓库面积的 51%。我国危险品仓库所存储危险品的类型主要有包装危险品、固体散装危险品、散装液体危险品三种类型，其中包装危险品是大多数危险品平仓仓库的主要仓储货物。

（2）智能化是解决危险品仓储安全问题的唯一出路。智能化的本质是仓储企业的业务转型。在智能化转型过程中，对新技术的运用并不是目的，智能化转型的目的是围绕客户需求重塑危险品仓储业务模式，并确保业务安全。

（3）危险品仓储企业需坚持科学发展，以"对立与统一"的观点统筹兼顾"安全、效率与成本"三要素。以削弱对成本和效率的关注去追求"绝对安全"，会反噬"绝对安全"。仓储企业要用联系的观点看待"安全、效率与成本"，在"对立中谋求统一"，在"统一中谋求帕累托改进"。具体地，就我国现阶段的平仓仓库管理而言，业界亟须挖掘危险品仓库的仓储潜能，而挖掘潜能的关键即对危险品仓库的结构进行改造。

（4）危险品仓储企业需在科学发展观的指引下，勇于探索安全因素的量化办法，推出行之有效的安全度计算公式，切实实现危险品仓储活动的分级安全控制。在对安全度的研究中，仓库要完成对新技术的驾驭和整合，并将新技术锤炼成创造价值的源泉。

（5）危险品仓储企业需在科学发展观的指引下，坚持技术改革与对外开放，彻底扭转部分危险品仓储企业在管理上闭门造车的局面。仓储企业需加强与国际一流企业的交流，投入资源，坚持开发仓储管理核心技术，开发新商业模式、新业务模式和新管理模式。

（6）危险品仓储企业需在科学发展观的指引下，坚持"质量互变规律"，允许一部分仓库搞试点，允许一部分仓库对几何结构进行改造，进而由点及面，由局部到全国，推动仓储企业的多元化发展，以及仓储企业在管理上的升级，最终建设成行业内统一的危险品仓储需求管理平台。

（7）学术界对危险品仓库几何结构的研究基本上是一片空白。截至 2022 年，在 SCI（Science Citation Index，科学引文索引）、EI（Engineering Index，工程索引）、CNKI（China National Knowledge Infrastructure，中国知网）等数据库里很少有危险品仓库管理与优化的文献。在此背景下，仓储企业只能在国家规范的指导下凭经验去管理危险品仓库，由于国家规范不可能面面俱到，故危险品仓库的管理与社会需求之间存在脱节。在明显落后于时代的危险品仓储领域，我们国家的知识精英若要对本国危险品仓库的建设做出贡献，需要自己去实践，去探索，去发现。知识精英非但要走出实验室，更要深入群众，去从事有现实意义的工作。

基于上述调研结论，著者确立了智能化危险品仓库的研究目标，且以中国最常见的双门危险品平仓仓库为改造与优化对象，紧紧围绕包装危险品平仓仓库的几何结构，研究危险品仓库的多样化发展问题。通过危险品仓库几何结构的多样化建设，为仓储企业运营的差异化和信息化提供了可能，进而绘制了一幅危险品平仓仓库智能化改造的路线图。具体地，著者发现双门平仓仓库在管理上有以下问题：①双门包装危险品平仓仓库的作业效率较低，劳动工人的作业强度较大。②双门仓库中叉车线路规划的随机性强，在实践上有规范化需求。③在双门平仓仓库作业中，企业对安全缺乏辩证认识，甚至部分企业盲目追求绝对安全，导致安全与效率、成本、碳排放等其他指标事实上割裂对立。④仓储条件的差异化是仓储行业发展的动力。由于双门危险品平仓仓库库型单一，客户的需求、政府的政策、仓库管理层的意见及仓储工人的想法在实现上经常出现困难。这种困难制约了仓储企业的发展，是造成我国危险品仓储行业落后的根源。

通过上述分析可知,优化双门平仓仓库已成为现阶段推动我国危险品仓库发展的关键。当前,双门平仓仓库的发展主要有两个方向:第一个方向是,将包装危险品的平仓仓库推倒,在原址照搬发达国家立体危险品仓库的经验,建设立体仓库。第二个方向是,通过几何结构创新和技术创新优化双门平仓仓库,在不降低安全水平的前提下提升作业效率。考虑到我国与发达国家在经济条件上的不同,以及我国危险品仓储需求具有周期性强、需求集中的特点,著者选择第二个方向进行研究。在上述背景下,著者对包装危险品的平仓仓库的几何结构进行了预研,提出了"互通危险品平仓仓库"、"分区危险品平仓仓库"和"环岛危险品平仓仓库"三种新型仓库。本书的意义在于,面向中国数量最多的双门平仓仓库,研究其几何结构优化,以及结构优化带来的作业优化、仓储管理等问题,为仓储事业的发展提供支撑。为了将本书的框架介绍得更清楚,下面我们对仓储行业在发展中存在的矛盾进行一般性分析。

1.3　危险品仓库的主要矛盾

通过调研发现,我国现阶段的危险品仓储存在着很多问题,各种矛盾相交织。其中既存在着危险品仓储供给能力较弱与危险品仓储需求较强的矛盾,也存在着危险品仓库建设的固定成本较高与社会仓储需求周期性较强的矛盾,以及高租金与高空置率同时存在,优质仓库供不应求与大量落后基础仓储设施空置的矛盾。特别地,21 世纪以来,中国危险品产量已连续多年居世界领先位置。国家统计局数字显示,2017 年,中国生产硫酸 8 694 万吨、烧碱 3 365 万吨、纯碱 2 677.1 万吨。上述几种是被列入常规工业品统计项目的危险化学品,经过多年的高速发展,中国的主要危险品生产量均居世界首位。目前,危险品生产行业产值均呈现上升态势。与此同时,我国的危险品仓库在同时期没有实现同步增长,跟不上我国危险品物流行业的整体增长步伐,这种仓储供给与仓储需求发展的不同步和脱序,是我国屡屡发生危险品仓储安全问题的根源。正是这种发展的不同步造成了我国危险品仓储行业对效率、成本和安全之间辩证关系的失焦。

在危险品仓储的供给出现短缺的背景下,为了贯彻国家对危险品仓储企业的安全生产政策,维护群众的生命和财产安全,在较低的生产能力条件下,被调研企业经常牺牲生产成本和效率以保证生产安全。然而,这种对生产成本和效率的牺牲有反弹的空间及可能。一方面,危险品仓储企业的内部收益率普遍不高,特别是国有企业的内部收益率更低;另一方面,危险品仓储市场的周期性较强,且在每个周期里有明显的淡季和旺季交替。在淡季的时候,企业处于亏损状态;在旺季的时候，企业可以获取保证企业生存的利润。然而，由于部分企业的管理水平和智能化水平较低，经常不能将生产资源配置到最有效率的部门，造成即使是在旺季也难以赢得足够的生产利润。企业的偏好是多样的，在不断积累的运营压力下，一部分仓储企业或仓储员工在作业中出现了透支安全要素的情形。由于信息的不对称性，这种对安全要素的透支经常得不到纠正。按照机会成本的原理，这种微观环境下的个别透支将在宏观上产生蔓延。当一个危险源发生且得不到纠正时，另一个危险源就会发生。当作业环境逐渐恶化时，良币就会被恶币驱离。当危险源达到临界数量时，就会带来一定概率的事故，进而为危险品仓储企业的管理带来风险。正是由于这一机会成本的存在，即使我国有着非常严格的消防安全生产检查，每年依然有严重的仓库爆炸事故发生。著者在广泛调研的基础上发现了"追求绝对安全的背景下丧失安全"的规律，并将其命名为"危险品仓储悖论"。例如，在叉车取货后离开货位或卸货前对准货位，均需要防止刮碰堆垛及危险品。然而由于工作的时效性及对利润的追求，不少企业在作业时出现破坏危险品包装的情形，就是这一悖论的结果。

从本质上讲，"危险品仓储悖论"是我国相对落后的危险品仓储生产水平不能满足快速增长的仓储需求造成的。这一悖论在本质上与工业生产上常用的海恩法则一致。海恩法则即每一起严重事故的背后，必然有29次轻微事故和300起未遂先兆及1 000起事故隐患。在落后的生产力水平条件下，部分仓储企业或员工将安全、效率与成本对立了起来，没有注意到或不愿意注意到安全、效率与成本之间的联系，容易造成危险源处理不彻底、隐患常态化等现象。为了破解"危险品仓储悖论"，企业界亟须借助现代科技对危险品仓库实施改革，将绝对安全与相对安全相结合，推出危险品仓储的多级安全控制，在不降低安全水平的前提下，提升企业运营效率，实现危险品仓储管理的帕累托改进。可以说，借由现代科技推动危险品仓储企业的智能化，是我国危险品仓储企业发展的唯一出路。不幸的是，由于危险品仓库的封闭性和危险品仓储学科的小众性，故关于危险品仓储的学术成果较少且引用率较低，国际上最顶尖的学术期刊对相关研究成果也不太重视，因而危险品仓储行业的理论研究水平较低。综合来讲，我国的危险品仓储行业正处于非常危险的境地。

雪上加霜的是，在相对落后的危险品仓储行业，在较低的理论水平指导下进行仓储企业改革，非但会为决策者带来极大的风险，也会使当地主管部门承担极大的政治责任。也就是说，我国的危险品仓储行业存在着"亟须提高仓储供给与相对落后的仓储管理水平"的尖锐矛盾。尤为关键的是，在大数据、云计算、人工智能的推动下，社会正以前所未有的速度向前发展（图1.1和图1.2），危险品仓储业的发展速度已严重落后于社会进步的速度[48]。这种不匹配、不协调的发展速度进一步放大了危险品仓储行业的主要矛盾。为了解决这样的矛盾，仓储企业亟须提高仓储供给水平，在保证安全的前提下提高仓储作业效率。考虑到我国土地成本、人力成本的提升趋势，实现上述任务的唯一出路便是危险品仓库的智能化建设。进而，要实现危险品仓库的智能化，当前最紧迫的工作便是对危险品仓库进行几何结构改造，释放危险品仓储潜能，为危险品仓库的大规模智能化建设提供物理基础。

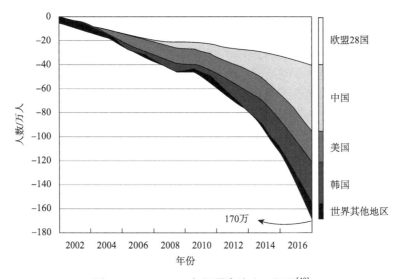

图 1.1　2002~2016 年机器淘汰人工概况[48]

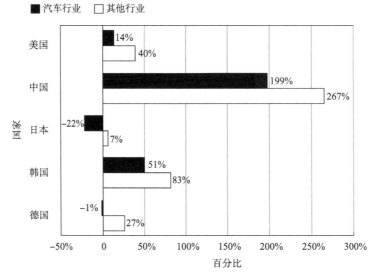

图 1.2　2011~2016 年机器人上岗变化百分比[48]

1.4 撰写思路及主要内容

1.4.1 本书的撰写思路

通过广泛的调研,本书认识到智能化是危险品仓库发展的唯一出路,并且第一次对危险品仓库的智能化道路进行了架构。著者所构建的智能化危险品仓库是一种全自动化、全电脑化、全数字化的现代危险品仓库。在智能危险品仓库中,危险品仓库的作业和管理均经人机系统由中心计算机统筹安排。该中心计算机的核心是一系列面向出入库货位安排、存储、拣选、叉车路径规划等作业环节,以及处理应急事故、碳排放、核算成本的算法。为了实现危险品仓库的智能化,我们从危险品仓库的几何结构改造入手,为危险品仓库的智能化建设奠定物理基础。在上述思想指导下,本书具体地提出了互通危险品平仓仓库、分区危险品平仓仓库以及环岛危险品平仓仓库等概念。在危险品仓库多样化的基础上,中国应该走自己的路,通过大规模改造危险品平仓仓库,深度应用数字技术和物联网技术到未来的仓储企业,进而将危险品仓储活动构建为全感知、全智能的数字世界,在智能化技术的渲染下重新定义现有的仓储管理模式、业务模式、商业模式。在所述的宏观背景下,本书的主要工作是为危险品仓库智能化建设提供路径规划,帮助企业认清提升仓储服务能力的约束条件与现有资源,帮助仓储企业制订切实可行的实施计划,并最终实现危险品的智能仓储。

宏观上,本书以不降低危险品仓库作业的安全标准为前提,以实现危险品仓库作业效率的帕累托改进为目标,以双门平仓仓库的几何结构优化为突破口,紧紧抓住出入库作业这一危险品仓库各业务的核心环节,以最优化理论和多属性决策理论为抓手,提出一套包含危险品平仓仓库的模块化、自动化,以及存储需求管理智能化、个性化等内容的平仓仓库优化模型,给出危险品仓库智能化建设的三阶段方案。微观上,本书以企业自生能力为微观分析基础,以仓储企业在每个时点的广义要素禀赋结构为切入点,通过仓储方案的多样化为具体的仓储企业提供改造方案。

本书的创新点具体如下。

首先,安全是危险品仓库优化的前提。本书以不同叉车运行线路间的积分面积与线路相对长度差距的乘积来描述出入库作业的安全水平,并将其定义为安全因子。该安全因子在广泛调研的基础上由著者提出,是本书的研究基础。

其次,平仓仓库的几何结构优化是一项复杂的系统工程。本书从危险品仓库各房间之间的墙体改造出发，给出了互通危险品平仓仓库、分区危险品平仓仓库和环岛危险品平仓仓库三种新型危险品仓库，进而将危险品出入库工序视为模块，将仓储影响元素视为参数，将危险品平仓仓库仓储活动提炼为一个全新的动态系统。

最后，本书对危险品仓储行为的不确定性的关注贯穿于整本书的研究。本书以仓储企业在每个时点固定的广义要素禀赋结构为切入点，提出仓库改造和发展是一个动态的结构变迁过程，依靠市场的力量，利用比较理论，为不同类型仓储企业指出仓储结构建设方案，为仓储企业指明符合自身广义要素禀赋结构的发展方向，进而帮助仓储企业推出更好、更多的仓储方案，以满足客户的仓储需求。

1.4.2 本书的主要内容

为了解决上述危险品仓储行业的主要矛盾，本书以危险品仓库的智能化建设为长期目标，主要从仓储供给的角度，以改造危险品仓库的几何结构为基础，通过危险品仓库的几何结构改造释放危险品仓库的仓储潜能，进而构建仓储管理信息平台，实现对客户的高质量仓储服务，推动危险品仓储行业的智能化发展。在对危险源的监控上，目前主要有两类危险源，第一类危险源直接导致事故发生，第二类危险源是第一类危险源产生的必要条件。为了尽可能减少事故的发生，本书重点关注第二类危险源。在对危险品仓库仓储作业危险程度的度量方面，本书根据经验及数据分析提出危险度的概念。在提升危险品仓储作业效率方面，本书主要利用一些启发式算法解决仓储作业产生的最优化问题。在仓储需求管理方面，本书主要利用多属性决策理论解决仓储方案优选问题。本书的主要工作和创新点在第 1 章到第 6 章。各章布局如下。

第 1 章介绍了我国现阶段危险品仓储行业的发展现状、危险品平仓仓库的主要类型，介绍了新时期危险品仓储需求的特点、危险品仓储行业发展面临的主要矛盾，并介绍了本书的撰写思路及主要内容。

第 2 章介绍了四门危险品平仓仓库与互通危险品平仓仓库两种新型危险品仓库。为了帮助仓储企业制订出更多的仓储方案，以满足客户的多样化、差异化仓储需求，该章设计了四门危险品平仓仓库与互通危险品平仓仓库供仓储管理部门及学术界参考。在此基础上，该章以粒子群算法（particle swarm optimization, PSO）为工具，研究了四门危险品平仓仓库中的叉车线路确定问题，以神经网络为工具，研究了互通危险品平仓仓库中的叉车线路确定问题。

第 3 章具体研究了互通危险品仓库的作业管理问题，介绍了互通危险品仓库作业效率、安全与成本之间的关系，进而以保证安全为前提，研究了仓储作业间各步骤的衔接问题。具体地，该章首先研究了互通危险品平仓仓库的出入库瀑布作业机制及三阶段实现方法、互通危险品平仓仓库仓储作业的三次指派模型，以及互通危险品平仓仓库仓储作业链优选方法。该章的内容从前到后自动化程度越来越强，适用于不同发展阶段的危险品仓库。

第 4 章介绍了一种新型危险品仓库——环岛危险品仓库。该章具体研究了环岛危险品仓库叉车运行规则设置条件，以解决危险品仓库货位的分区问题。通过该章的研究可以看到，环岛危险品仓库具有比互通危险品仓库更高的作业效率，但是空间成本高，对员工的计算机水平要求高。该章通过实例得到的结论是，环岛危险品仓库更适于时效性较强，且对成本敏感性较弱的仓储客户。

第 5 章研究了多仓储方案条件下的危险品平仓仓库仓储需求管理问题。具体地，该章利用多属性决策理论研究了压仓条件下互通危险品平仓仓库仓储作业分层决策方法，并进行了仓储货位动态布设条件下的危险品存储定价模型及影响因素分析。

第 6 章介绍了危险品仓库管理平台的建设思路。首先，我们对仓库的几何结构做出改革，以提炼出多类型的危险品仓库，为仓储客户提供多类型的仓储服务方案。其次，我们为仓储企业提供适应新仓储环境的管理信息系统，发挥新型仓库的潜能，帮助仓储企业获取利润。最后，我们在仓库几何结构改造和软件开发的基础上，以统计学相关知识及大数据处理技术为工具，以仓储需求管理为核心，建设危险品仓库管理平台，并将其定义为危险品仓库智能化建设的最主要载体。

第 7 章对全书做了总结与展望。

第2章　四门危险品平仓仓库与互通危险品平仓仓库的设计

　　随着我国经济的迅速发展，行业间前所未有地互相渗透，危险品仓储客户出现了细分现象。为了帮助仓储企业拿出更多的服务方案，以满足客户的多样化、差异化仓储需求，本章设计了四门危险品平仓仓库及互通危险品平仓仓库。两类新型仓库的设计是本书的逻辑起点，也是危险品仓库智能化的物理基础。两种新型危险品仓库设计的核心环节是设置电动隔离门。电动隔离门设置在危险品仓库不同房间的墙体上，可打开也可关闭。当隔离门均关闭时，四门仓库和互通仓库退化为常规双门仓库；当隔离门按照一定算法递次打开时，常规仓库可进化为四门仓库或互通仓库。通过四门及互通危险品的设计，本书为仓储企业提供了多种新仓储方案，提高了仓库服务仓储客户的能力。与此同时，本章为四门仓库和互通仓库的仓储作业提供了算法支持，将工业设计与交通工程学有机结合起来，为危险品仓库叉车线路规划研究树立了一个起点。本章各节的主要内容如下。

　　2.1 节借鉴 20 英尺（1 英尺= 0.304 8 米）和 40 英尺集装箱的设计经验，在广泛调研的基础上提出了危险品四门仓库的概念，并给出了四门仓库的使用原则。进一步地，该节基于拓扑变换，将四门仓库同时出入库作业双叉车运行的线路优化问题提炼为一种特殊的二次指派问题。其后，该节在经典粒子群算法的基础上，发展了一类特殊的遗传-粒子群算法，并用来求解二次指派问题。最后，该节参考上海某危险品物流有限公司的调研数据，验证了新提出的改进遗传-粒子群叉车运行线路优化算法，并将该算法与经典离散粒子群算法及遍历可行解算法做了对比。

　　2.2 节在广泛调研的基础上提出互通危险品仓库的设计思路，并给出了互通危险品仓库中电动隔离门的使用原则。进一步地，该节以六门仓库为样本，以遗传-神经网络算法为工具，研究了双叉车、三叉车同时入库作业，且在货位不确定环境下的叉车线路优化问题，给出了不同环境下的叉车运行算法。最后，该节借用上海某危险品仓库的调研数据,对新提出的叉车运行路线规划模型进行了实例验证。

2.3 节在提出带隔离门互通危险品仓库的基础上,进一步研究互通危险品仓库的使用规律,将危险品仓库电动隔离门的使用问题提炼为经济成本、时间成本、效率、安全四个指标下的多指标决策问题。具体地,该节按照互通危险品仓库的使用原则,基于 TOPSIS-超立方体分割方法和带参数的综合犹豫相对距离集算法,分别研究了在未给定指标权重和给定指标权重两种决策环境下的电动隔离门使用问题,并分别给出了决策模型。最后,该节参考上海某危险品仓库的调研数据,以给定客户存储量的算例为样本,实例验证了互通危险品仓库中电动隔离门的使用决策模型。

2.4 节对本章的内容做了总结。

2.1　四门危险品平仓仓库设计及叉车运行线路的优化方法

2.1.1　研究问题的提出

近年来,我国危险品仓库发生了一系列安全事故,这些安全事故的发生不是偶然的,而是有深层原因。这些事故暴露了我国危险品仓库在管理上的诸多问题。其中,最突出的问题是危险品仓库的几何设计能力较低,以及物联网技术应用不足,难以适应我国危险品存储量的快速增加,难以适应供应链整体技术水平的提高。在危险品仓库的管理中,危险品的出入库是核心环节。为提升危险品出入库作业的技术水平,本节将研究点聚焦在危险品仓库的几何结构上,并重点研究了危险品仓库风险管理、提升仓库效率、仓库出入库基础算法、最短路径问题、粒子群算法等方面的相关研究成果。

在危险品仓库风险管理方面,学者们主要围绕危险源、危险扩散机理及危险防控进行了研究。例如,Roncoli 等针对危险品运输问题提出了一种路网风险与经济效益的最优化模型,该模型的应用环境是地面交通,但对本书危险品仓库的研究有很好的借鉴意义[49]。Zhao 分析了中国天津港危险品仓库 2015 年爆炸的原因,并提出了一些危险品仓库应急管理建议[50]。在物联网和大数据等技术在仓库的应用方面,现有研究以提高仓库的运营效率、客户体验及创建新的仓储业务模式,实现强大的新型协作和服务,提高企业竞争优势为目的。Kubác 提出拥有物联网技术的仓库可以实时监控其每件产品,并管理其物流架构。他们不但监督供应链中的流通和共享信息，而且分析每个程序和预测产生的信息。通过预测其产品当前程序的信息，估计未来趋势或事故发生的概率，可采取补救措施或提前给出警告[51]。Trab 等提出了一种名为"物联网控制安全区域"的新概念，通过避免仓库管理系统集中化的缺陷来实现仓库安全[52]。彭小利等构建了基于制造物联技术的智能仓库环境下，针对多品种智能仓库的货位分配问题，建立了考虑多规则约束的多目标智能仓库货位分配模型[53]。

在提升仓库效率方面，国内外的学者主要从仓库运输线路规划、仓库员工效率管控及仓库优化设计方面展开了一系列的研究。例如，Petersen 介绍了如何对仓储物品的存储和工作人员的路线进行规划，以便为各自的客户订单检索这些物品，提升仓库运营效率[54]。Hsieh 和 Tsai 考虑了仓库系统中交叉通道的数量和布局类型、仓储分配策略、拣选路线、通道内平均拣选密度及订单组合等因素对订单拣选系统性能的影响，并以最小化作业路径作为最佳性能指标，将交叉通道数量、仓库布局、仓储分配、拣选路线规划、拣选密度和订单组合类型在仓库系统中进行优化整合和规划，通过系统仿真实验，在不同环境下找到仓库设计的最佳组合，并找到更好的性能[55]。Larco 等除了考虑最小化作业时间这一经济目标之外，还提出了一种启发式算法，以获得平衡经济效益和人员福祉目标的解决方案，运用多标准优化，最大限度地管控仓库运营效率[56]。

在仓库出入库基础算法部分，学者们主要就仓库布局、拣选作业、提升仓库利用率等方面进行了研究。例如，Quintanilla 等以最大化仓库空间利用率为目标，运用启发式算法解决了混存仓库中货位的分配问题[57]。Seval 等研究了仓库中的拣选操作，并提出通过优化存储策略来降低仓储成本，进而运用遗传算法解决策略优化问题[58]。谭熠峰等为提高粒子群算法的收敛速度和优化性能，避免陷入局部最优，提出了基于动态学习因子和共享适应度函数的改进粒子群算法[59]。张衍会等以遗传算法为基础对货位优化问题进行了研究，在保证危险品存储安全的同时，提高了货物出入库作业效率[60]。Ardjmand 等对多个拣货员的订单分配、订单分批和拣货路径问题进行了研究[61]。

此外，最短路径问题也是在许多规划和设计环境中出现的经典组合优化问题。最短路径问题是以最小化与路径相关的总成本为目标，在给定网络中寻找从指定原点到指定目的地的最短路径。Nazemi 和 Omidi 提出了解决最短路径问题的神经网络模型，其主要思想是用线性规划问题代替最短路径问题[62]。随后，Cheng 和 Abdel 提出了最大概率最短路径问题，其中弧资源是独立的正态分布随机变量，当路径成本不超过给定的阈值时，将所有约束共同满足的概率空间最大化[63]。Wang 等研究了运输网络中带特定约束的最短路径问题，并编制了一个 0-1 整数规划模型来求解相应的路径优化模型[64]。

在粒子群算法的研究中，编者重点关注了离散粒子群算法。Jiang 等提出了一种多维离散粒子群算法，并将其应用到电路优化上，该文以实例说明了离散粒子群算法计算简单、迭代速度快的特点[65]。Xiong 等将离散粒子群算法与神经网络结合起来，并给出了一种区间数预测模型，并通过实例验证了预测模型的有效性[66]。Pradeepmon 等提出了一种改进的离散粒子群算法，并利用该新提出的算法求解二次指派模型[67]。上述工作从整体上验证了粒子群算法收敛速度快的优点，并且适合于求解二次指派模型。

基于上述研究成果，结合作者们对危险品仓库的实际调研，本节对危险品仓库的几何结构进行了研究。研究表明，危险品仓库在几何设计上的突破能释放危险品仓库的潜能，进而提升危险品仓库的仓储作业效率。具体地，本章从建筑平面布置的角度入手，提出了四门危险品仓库的设想，以求在保障安全的前提下，提高危险品仓库的运营效率和管理水平。危险品四门仓库，即将两个双门仓库中的墙以及靠墙一侧的危险品货位撤除，形成叉车在仓库内运行的通路。接下来将以提升仓库运营效率为目标，具体介绍四门危险品仓库设计思路。

2.1.2　四门危险品仓库设计思路

1. 现有危险品仓库的作业特征

调查显示，平仓是我国主要的危险品仓库类型，老企业使用的居多，其具有储存品种多、批量小、储量大、批次多的特点。从建筑面积来看，危险品仓库可以划分为三种类型，即大型仓库（建筑面积在 9 000 平方米以上）、中型危险品仓库（建筑面积为 550~9 000 平方米）、小型仓库（建筑面积在 550 平方米以下）。仓储作业指的是产品从入库到出库的全过程，主要包括入库作业、在库管理及出库作业这三方面的内容，因此仓库的出入库作业是仓库效率把控的关键环节。现有国内危险品仓库主要是双门仓库，即两侧门口都可以停靠集装箱，仓库中间有一个供叉车运行的通道，通道两边为货物堆垛的货位。常规双门危险品仓库的示意图见图 2.1。在危险品出入库作业中，主要的运载工具是叉车，主要的操作步骤包括起步、直线行驶、转向、制动、叉取作业和装卸作业。其中，叉取作业和装卸作业的时间取决于货物的种类，有时候难以精确掌握。叉车出入库作业的能源消耗主要集中在直线行驶、叉取作业和装卸作业三个环节，由于叉取作业和装卸作业两个环节的能源消耗比较固定，而直线行驶有优化的空间，本节将重点放在直线行驶的研究上。通过危险品仓库几何结构的改造为叉车提供更多的行驶方案，利用最优化技术实现叉车直线行驶的能耗降低，进而降低危险品仓储作业成本。我们接下来将重点阐述四门危险品仓库设计方案。

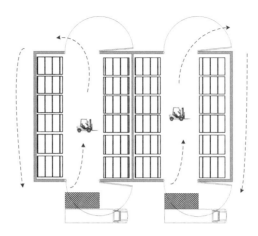

图 2.1   双门危险品仓库设计方案

2. 四门危险品仓库设计方案

传统双门危险品仓库的运行效率较低。首先，在双门条件下叉车的运行路线较长。以危险品入库为例，当叉车将集装箱上的危险品取出并运送到指定货位后，叉车在双门房间内很难掉头，因此叉车需要从另一个门驶出仓库，并从仓库外的道路上返回集装箱，造成了较长的叉车运行线路。叉车运行线路见图 2.1 虚线部分。其次，在双门条件下的危险品仓库不能实现同时出入库作业，每次只能服务一个集装箱，难以满足客户的时效性要求。在常规双门仓库中，危险品仓库各房间之间的墙体对叉车作业有限制性功能。事实上，这些墙体也能起到建设性功能。为了使这些墙体具备对叉车作业的建设性功能，本书借鉴 40 英尺集装箱与 20 英尺集装箱的关系，在墙体上设置隔离门，设计了四门危险品仓库。新提出的四门危险品仓库设计方案见图 2.2。

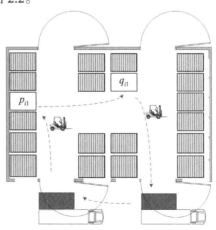

图 2.2   四门危险品仓库设计方案

四门危险品仓库的特点在于电动隔离门的设计。电动隔离门主要特点与作用如下：①隔离功能，即与传统的双门仓库墙体相同的功能。在叉车不进行出入库作业时，该电动隔离门将处于封闭状态，以实现对不同种类危险品的隔离。②实现仓库中各个单元之间的连通，目的是让叉车可以同时进行出入库作业，提高危险品仓库的仓储周转效率。③密闭性好，具有隔热防火功能。④效率较高且易于操纵，所有隔离门完全展开及完全闭合的时间在一分钟以内。基于以上特点，使用隔离门实现单元间的互通，提高仓储效率，并保证仓储安全成为可行的办法。同时，如何布设电动隔离门在仓库中的位置，以实现叉车在仓库内高效作业，并尽可能地利用仓储空间成为值得思考的问题。

在调研的基础上，本节给出了四门危险品仓库的使用原则，具体如下：首先，叉车在仓库内顺时针方向依次行驶，且每个房间不能同时出现两辆或以上数量叉车运行。其次，由于危险品出入库作业包含危险品的包扎、装卸等人工操作环节，且难以确切控制上述环节的作业时间，本节制定了利用算法确定叉车运行路径集合，管理人员决定叉车运行路径的顺序，并可以根据实际情况在现场调整该顺序。

四门危险品仓库在设计上最大的不足是降低了仓库对危险品的平均存储空间。四门危险品仓库在设计上最大的优点是增加了叉车的活动范围，在进行出入库作业时叉车不需要到仓库外绕行；另外，四门仓库可以实现双集装箱同时出库、同时入库，以及同时出入库作业，可以在统一的框架下统筹协调两个集装箱的出入库作业需求，降低甚至消除双门规制仓库出库操作时造成的仓储设备及人力的浪费。通过图 2.1 及图 2.2 可知，互通危险品仓库减少了叉车的运行距离。因此，在实现叉车运行效率提升的前提下，能否实现隔离门的设置取决于能否保证作业的安全。遵循该思想的指导，本节接下来将安全、效率及成本均纳入隔离门设置问题，建立了一个四门危险品平仓仓库叉车出入库线路优化模型。

2.1.3　四门危险品平仓仓库叉车出入库线路优化模型

1. 四门仓库叉车运行线路模型的提出

由于危险品出入库作业包含危险品的堆垛、装卸等人工操作环节，且难以确切控制上述环节的作业时间，本节制定了四门仓库使用原则，即"利用算法确定叉车运行路径集合，管理人员决定或调整叉车运行路径的顺序"。另外，在危险品仓储作业中，本书需要关注两类危险源：第一类危险源是事故发生的前提，是事故的主体，决定事故的严重程度；第二类危险源是第一类危险源导致事故的必要条件，且第二类危险源出现的难易，决定事故发生的可能性的大小。为了尽可能降低危险品仓库的事故发生率，本书主要研究第二类危险源，并将研究重点放在减少叉车距离靠近的机会上。以上述理念为指导，在提出四门仓库设计的条件下，本节提出单叉车同时出入库的线路优化模型，并对模型的求解步骤、适用环境进行了详细的阐述与分析。记 C_1 为入库集装箱，C_2 为出库集装箱。假设 C_1 有 m 个入库点，记为 $p_1, p_2, \cdots, p_m$；C_2 同有 m 个出库点，记为 $q_1, q_2, \cdots, q_m$，并记 $M = \{1, 2, \cdots, m\}$。假定叉车先从 C_1 出发，经路径 l_{C_1, p_i} 将 C_1 的危险品送抵给定的 $p_i (i \in M)$，随后经路径 l_{p_i, q_j} 在 $q_j (j \in N)$ 处取运往 C_2 的危险品，继而经路径 l_{q_j, C_2} 将危险品运抵 C_2，并经路径 l_{C_1, C_2} 空驶返回 C_1。同时，记任意两点 A 和 B 的距离为 $L(A, B)$。

当两个集装箱同时进行出库与入库危险品作业，且出入库活动时效性较强时，即要求两辆叉车进行装卸运输。为降低算法复杂性，本节所提出的四门仓库双叉车作业路径优化需做以下两点假设。

首先，受危险品人工装卸因素的影响，本节仅建立入库节点与出库节点之间的匹配。

其次，四门仓库的布局和线路宽度虽然可以保证两个叉车在同向或相向运行阶段的正常行驶，但考虑到双叉车冲突风险，两台叉车出现在同一节点位置时会相互影响，造成作业效率下降。

为降低上述假设对实际场景描述的不足，本节令入库点与出库点组成的任意点对的路径长度差异明显，如 $s_{p_{i_1}, q_{i_2}}$，$s_{p_{j_1}, q_{j_2}} (i_1, i_2, j_1, j_2 \in M)$ 两辆同时运行的叉车的路径，应使其线路长度差异尽可能大，以减少两台叉车在出入库作业时对彼此的干扰，增加叉车作业的灵活性。四门仓库同时出入库作业双叉车线路优化的建模过程如下。

首先，从最终的入库点与出库点组成二分图中选取 $l(p_{i_s}, q_{j_t})$，$l(p_{i_k}, q_{j_f}) (i_s, j_t, i_k, j_f \in M)$，将 $l(p_{i_s}, q_{j_t})$ 与 $l(p_{i_k}, q_{j_f})$ 的相关度规范化得

$$r^*((p_{i_s}, q_{j_t}), (p_{i_k}, q_{j_f})) = 1 - \frac{abs\{l(p_{i_s}, q_{j_t}) - l(p_{i_k}, q_{j_f})\}}{\max\{l(p_{i_s}, q_{j_t}), l(p_{i_k}, q_{j_f})\}} \tag{2.1}$$

其次，将每一个出入库点对间的距离规范化得

$$L^*(p_{i_s}, q_{j_t}) = \frac{L(p_{i_s}, q_{j_t}) - \min_{k' \in M, f' \in M} L(p_{i_k}, q_{j_{f'}})}{\max_{k' \in M, f' \in M} L(p_{i_k}, q_{j_{f'}}) - \min_{k' \in M, f' \in M} L(p_{i_k}, q_{j_{f'}})} \tag{2.2}$$

为了实现总相关度量指标 r，以及闭环通路路径总长度 L 最小的目标，构建如下优化模型

$$\begin{cases} \min \gamma = \sum_{i_s=1}^{m}\sum_{j_t=1}^{m}\sum_{i_k=1}^{m}\sum_{j_f=1}^{m}\left(x_{i_s j_t}x_{i_k j_f}r^*\left(\left(p_{i_s},q_{j_t}\right),\left(p_{i_k},q_{j_f}\right)\right)\right) + \sum_{i_s=1}^{m}\left(\sum_{j_t=1}^{m}x_{i_s j_t}L^*\left(p_{i_s},q_{j_t}\right)\right) \\ \text{s.t.}\ \sum_{i_s=1}^{m}x_{i_s j_t}=1,\sum_{j_t=1}^{m}x_{i_s j_t}=1,x_{i_s j_k}\in\{0,1\},x_{i_k j_f}\in\{0,1\},i_s,j_t,i_k,j_f\in M \end{cases} \quad (2.3)$$

2. 经典离散粒子群算法求解出入库模型

利用经典粒子群的思想，本节给出求解模型（2.3）的离散粒子群算法，标记计算符号如下。记在经典 PSO 算法中，假定共有 P 个粒子对 Q 维解空间进行搜索。记 $X_{i'}$ 为第 i' 个粒子的位置；记 $x_{i'j'}$ 为 i' 粒子对应位置向量的第 j' 位置的数值；记 n 为位置向量中元素的个数；记 $V_{i'}$ 为 i' 粒子对应的速度向量；记 $v_{i'j'}$ 为 i' 粒子对应速度向量 $V_{i'}$ 中 j' 位置的数值；每个粒子都可表示为 $x_i=(x_{i1},x_{i2},\cdots,x_{iP}),i=1,2,\cdots,P$，每个粒子对应的速度为 $v_i=(v_{i1},v_{i2},\cdots,v_{iP}),i=1,2,\cdots,P$。粒子群算法在每一次迭代中，记 $P_{\text{best},i'}$ 为 i' 粒子自身的最优位置向量；记 m' 为群中粒子的个数；记 $G_{\text{best},i'}$ 为全局最优位置向量；记 $p_{i'j'}$ 为 i' 粒子对应最优位置向量 $P_{\text{best},i'}$ 中 j' 位置的数值；粒子群算法在每一次迭代中，粒子的每一维变量如第 d 维变量通过跟踪 2 个极值所在的位置（$P_{\text{best},i'}$，$G_{\text{best},i'}$）进行更新。记 N' 为问题的大小；t' 为迭代次数；$T'_{\max}$ 为最大迭代次数；w 为运动惯性权重，易知 $w\in[0,1]$；记 c'_1 为自身（认知属性，与 P_{best} 相关）学习因子；记 c'_2 为全局（社会属性，与 G_{best} 相关）学习因子；记 r'_1 和 r'_2 分别为 $[0,1]$ 之间的随机数；记 $\Pi^{t'}$ 为第 t' 次迭代后的粒子群；记 $\Pi_{i'}^{t'}$ 为 $\Pi^{t'}$ 中的第 i' 个粒子；记 $F(x)$ 为适应度函数；记 $\lambda'_{i'}$、$\varepsilon'_{i'}$、$\gamma'_{i'}$ 分别为 i' 粒子对应速度向量中的惯性、认知、社会-全局三种成分；记 $X'_{i'(\lambda')}$、$X'_{i'(\varepsilon')}$、$X'_{i'(\gamma')}$ 分别为只考虑惯性、认知、社会-全局三种速度成分带给 i' 粒子的位置改变值。采用上述符号，本节利用遗传-粒子群算法求解出入库线路优化问题，具体步骤如下。

步骤 2.1：将粒子用向量表示。设 $l^*=\begin{pmatrix} p_1 & p_2 & \cdots & p_m \\ q_{j_1} & q_{j_2} & \cdots & q_{j_m} \end{pmatrix}$ 为满足模型（2.3）约束条件的任意给定线路，其中，入库点 $p_i\,(i\in M)$ 与出库点 $q_{j_i}\,(j_i\in M)$ 对应，并记 $l^*=(q_{j_1},q_{j_2},\cdots,q_{j_m})$。

步骤 2.2：初始化粒子群。记 $\Pi^{t'}=\left[\Pi_1^{t'},\Pi_2^{t'},\cdots,\Pi_{m'}^{t'}\right]$ 为 t' 次迭代后的粒子

群，其中，m' 是粒子群中粒子的数目。对任意粒子，都有 $\Pi_{i'}^{t''} = \left[X_{i'}^{t''}, V_{i'}^{t''}, P_{\text{best}i'}^{t'} \right]$。利用随机数依次随机转置向量 $(1,2,\cdots,m)$，当随机转置 m' 次后，可得到粒子群 Π'^0 中 m' 个粒子的初始位置。同理，利用随机数得到粒子的初始化速度。记 i' 粒子的初始化速度为 $V_{i'} = \left[v_{i_1}, v_{i_2}, \cdots, v_{i_m} \right]$，与 l_D^* 类似，存在一个矩阵与 $V_{i'}$ 中的任一元素拓扑等价，记该矩阵为 $V_{Di'} = \left(v_{i'i''j''} \right)_{m \times m}$，其中，$i'$ 为粒子，i'' 和 j'' 分别为元素 $v_{i'i''j''}$ 所在的行和列，$v_{i'i''j''} \in \{0,1\}$。在本步骤，本节实现了用矩阵表示粒子的位置和速度。需要说明的是，在表示粒子位置的矩阵中，每行元素之和及每列元素之和均为 1，而表示粒子速度的矩阵则没有该要求。

步骤 2.3：考虑三方面的因素，完成速度中各部分的加法运算，并将结果记为

$$V_{i'}^{t''} = \left[w \odot R_1^{t'} \otimes X'_{i'(\lambda'')} \right] \oplus \left[c_1' \odot R_2^{t'} \otimes X'_{i'(\varepsilon'')} \right] \oplus \left[c_2' \odot R_3^{t'} \otimes X'_{i'(\gamma'')} \right] \quad (2.4)$$

其中，$R_1^{t'}$、$R_2^{t'}$ 和 $R_3^{t'}$ 分别为修正 w、c_1' 和 c_2' 的随机数矩阵。同时，为保持 w 的随机性，构建确定的随机函数为 w 赋值，c_1' 和 c_2' 任意给定，且 $c_1', c_2' \in [0,1]$。

步骤 2.4：粒子群位置的迭代。本节采用变异的思想，对某一具体粒子 i'，若其对应的速度矩阵中元素 $v_{i'i''j''} \neq 0$，通过当次迭代位置矩阵求出入库点 i'' 对应的出库点，并记为 j'''，并将 l_i^* 第二行从第 $\min\{j'', j'''\}$ 列到第 $\max\{j'', j'''\}$ 列对调，完成变异。在本步骤，粒子位置的变异与速度对粒子的作用被纳入同一步骤，共同完成。记 $t'+1$ 次迭代后粒子群的位置为 $X_{i'}^{t'+1}$。$X_{i'}^{t'+1}$ 由 $X_{i'}^{t'}$ 和 $V_{i'}^{t''}$ 决定。

步骤 2.5：每次迭代后更新粒子群的个体最优路径、全局最优路径，以及粒子的位置向量和速度向量。

步骤 2.6：按指定迭代次数逐次迭代，并将最后的迭代结果看成给定问题的近似解。记近似解为 l_1'，记 l_1' 对应的目标函数值为 γ_1。

上述算法的特点是计算速度快，但计算精度不高。为此，本节将基于动态因子和共享适应度的改进粒子群算法推广到离散最优化领域，并给出了模型（2.3）的求解模型。

3. 改进遗传–离散粒子群算法求解出入库模型

为了较好地求解模型（2.3），本节参考了最新的离散粒子群研究方法，基于动态因子和共享适应度改进了粒子群算法，并将其推广到离散最优化领域，给出模型（2.3）的求解方法。为同时提高粒子群算法的收敛速度和全局收敛性，保证群体多样性的存在，防止算法过早成熟，谭熠峰等提出了带有动态学习因子和共享适应度函数的粒子群算法[60]。本节对谭熠峰等的工作做了推广，将该算法应用

到离散最优化领域。谭熠峰等研究成果的优点是，在惯性权重 w 随着迭代次数非线性减少而动态调整学习因子的基础上，引入遗传算法中的共享适应度函数。当算法陷入局部最优时，利用粒子和最优解间距离挑选一批粒子重新初始化形成新群体，进而根据海明距离对部分粒子重新初始化，并用共享适应度函数来评价新粒子群，对旧粒子群通过调整学习因子方法达到快速精确搜索局部最优，新旧两个群体分别在各自最优下更新和搜索。新群体利用给定共享半径得到的共享适应度函数阻止新群体立刻回到局部最优。利用该算法能达到跳出局部最优的目的。在算法迭代早期，利用

$$V_{i,d}^{k+1} = wv_{i,d}^{k} + c_1\xi\left(p_{i,d}^{\text{best}} - x_{i,d}^{k}\right) + c_2'\eta\left(g_d^{\text{best}} - x_{i,d}^{k}\right) \tag{2.5}$$

$$x_{i,d}^{k+1} = x_{i,d}^{k} + v_{i,d}^{k+1} \tag{2.6}$$

动态调整 w、c_1 和 c_2，并更新粒子的速度和位置。其中，$v_{i,d}^{k+1}$ 为第 i 个粒子第 d 维变量在第 k 次迭代中的速度；$x_{i,d}^{k}$ 为第 i 个粒子第 d 维变量在第 k 次迭代中的位置，是介于（0，1）区间的随机数；c_1 为粒子对本身的历史最优值的权重系数；c_2 为粒子对群体最优值的权重系数；w 为保持原来速度的系数，称为惯性权重。当粒子群陷入局部最优时，对部分粒子重新初始化形成新群体。由于旧群体用于在早熟区继续寻找最优，故越接近最优位置越好。本节将与早熟区最优解之间距离较近的粒子作为旧群体，分布较为分散的部分粒子则进行变异，再次初始化。给定个体 x_i，其与种群已找到的最优位置 x_g 间的距离 sh_i 由海明距离决定，即 $sh_i = \sum_{d=1}^{Q}\left|x_i^d - x_g^d\right|$。为更好地搜索到最优解，本节按粒子类别分类调整学习因子。由于新群体被初始化，按 $c_1 = 0.5$，$c_2 = 0.5$，$0.5w^2 + w = 0.5$，以及

$$w = \left(w_{\text{final}} - w_{\text{initial}}\right) \times \left(\frac{T_{\text{new}} - T_c}{T_{\text{new}}}\right) + w_{\text{initial}} \tag{2.7}$$

来更新 w 及粒子。其中，式（2.7）中分母中 T_{new} 表示剩下还未发生的迭代总次数，以保证 w 重新从 w_{final} 递减至 w_{initial}；T_c 表示当前迭代次数。旧群体用于追随最优解，因此早熟区粒子的惯性权重 w 和认知学习因子 c_1 继续减小，而用于追随最优解的社会学习因子 c_2，使得 $c_2 = 4 - c_1$，则按式（2.8）调整，以便增大粒子的社会学习信息，寻得早熟区最优解。

为阻止粒子在迭代过程中再次陷入同一局部最优点。本节根据粒子群的分布关系采用动态计算方法改变 d_{share}。在初始化之前，根据 sh_i 的大小，以 $d_{\text{share}} = sh_m$ 作为早熟区的判断条件，其中，sh_m 为占粒子总数百分比为 m 的粒子的距离。重新初始化后，计算新群体中粒子到早熟区最优解的距离 d_{deci}，若 $d_{\text{deci}} < d_{\text{share}}$，则将相应

的共享适应度函数调整为

$$f(i) = M \times f(i) \times d_{\text{share}} \times \left(d_{\text{-deci}}\right)^{-1} \tag{2.8}$$

其中，M 表示增强适应度的一个常数，取值 1 000。可见，若新粒子进入早熟区，越靠近收敛中心其共享适应度就越大，新粒子就会快速逃离早熟区。最终两个群体在各自的最优解引导下继续搜索。当未达到迭代总数时，若新粒子找到另一个局部最优 $g_{\text{new}}^{\text{best}}$ 且 $g_{\text{new}}^{\text{best}} > g_{\text{old}}^{\text{best}}$，则旧群体和新群体一起追随 $g_{\text{new}}^{\text{best}}$；反之若 $g_{\text{new}}^{\text{best}} < g_{\text{old}}^{\text{best}}$，则再次初始化新群体直至达到算法终止的条件。该算法具体步骤如下。

步骤 2.7：对粒子的位置和速度进行随机初始化；

步骤 2.8：分别计算粒子的适应度，判断迭代次数是否超过最大值，若是则跳至步骤 2.12，否则继续；

步骤 2.9：判断粒子群是否收敛，若是则跳至步骤 2.11，否则继续；

步骤 2.10：按算法动态更新约束因子，更新每个粒子的位置与速度，跳至步骤 2.8；

步骤 2.11：计算海明距离值 sh_i 及共享距离 d_{share}，选出部分粒子重新初始化，跳至步骤 2.8；

步骤 2.12：迭代停止，得到最优解。记最优解为 l_2'，记 l_2' 对应的原函数目标函数值为 γ_2，记共享目标函数值为 γ_2'。

2.1.4　四门平仓仓库同时出入库作业叉车线路优化算例

1. 实例介绍

本节以上海某危险品仓库的数据为样本，使用 Intel（R）Core（TM）i7-4710MQCPU@2.50GHz 类型 Processor, 16.0GB Installed memory 的 Dell 计算机，使用 Matlab R2017b 软件，运用遍历可行解算法、经典粒子群算法、改进遗传-粒子群算法等三种算法求解双叉车同时出入库的优化路线。方便起见，记停在仓库两个门前的集装箱分别为 C_1 和 C_2，假定集装箱 C_1 为入库，集装箱 C_2 为出库。假设 C_1 有 11 个入库点，记为 $p_1', p_2', \cdots, p_{11}'$；假设 C_2 有 11 个出库点，记为 $q_1', q_2', \cdots, q_{11}'$。假定叉车先从 C_1 出发，经路径 l_{C_1,p_i} 将 C_1 的危险品送抵给定的 $p_i\,(i=1,2,\cdots,11)$，随后经路径 l_{p_i,q_j} 去给定的 $q_j\,(j=1,2,\cdots,11)$ 取运往 C_2 的危险品，继而经路径 l_{q_j,C_2} 将危险品运抵 C_2，最后经路径 l_{C_1,C_2} 空驶返回 C_1。运输任务示意图见图 2.3。在上述条件下，本节为叉车运行提供线路方案。

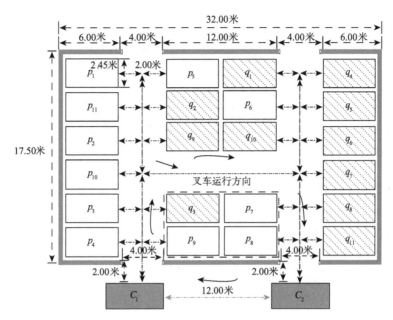

图 2.3　双叉车所在仓库几何运行示意图

计算得到入货点与出货点的距离，并将上述距离整理为矩阵的形式，并记为 $D' = \left(d'_{ij} \right)_{11\times11}$，$D'$ 的具体数值为

$$D' = \left(d'_{ij} \right)_{11\times11}$$

$$=\begin{array}{c}
\begin{array}{ccccccccccc} q_1 & q_2 & q_3 & q_4 & q_5 & q_6 & q_7 & q_8 & q_9 & q_{10} & q_{11} \end{array} \\
\begin{array}{c} p_1 \\ p_2 \\ p_3 \\ p_4 \\ p_5 \\ p_6 \\ p_7 \\ p_8 \\ p_9 \\ p_{10} \\ p_{11} \end{array}
\left(\begin{array}{ccccccccccc}
36.90 & 6.85 & 15.40 & 36.90 & 34.25 & 31.40 & 28.55 & 31.40 & 9.70 & 31.40 & 34.25 \\
31.40 & 6.85 & 9.70 & 29.40 & 28.55 & 31.40 & 22.85 & 25.70 & 4.00 & 25.70 & 28.55 \\
30.80 & 11.95 & 4.00 & 30.80 & 28.15 & 25.50 & 28.35 & 31.40 & 9.70 & 25.70 & 28.55 \\
33.65 & 14.80 & 6.85 & 33.65 & 31.00 & 28.35 & 31.40 & 31.00 & 12.55 & 28.55 & 31.40 \\
36.90 & 6.85 & 15.40 & 36.90 & 34.25 & 31.40 & 28.55 & 31.40 & 9.70 & 31.40 & 34.25 \\
6.85 & 31.40 & 28.55 & 6.85 & 4.00 & 6.85 & 9.70 & 12.55 & 28.55 & 6.85 & 15.40 \\
15.40 & 28.55 & 31.40 & 15.40 & 12.55 & 9.70 & 6.85 & 4.00 & 25.70 & 9.70 & 6.85 \\
18.25 & 31.40 & 34.25 & 18.25 & 15.40 & 12.55 & 9.70 & 6.85 & 28.55 & 12.55 & 4.00 \\
33.65 & 14.80 & 6.85 & 33.65 & 31.00 & 28.35 & 31.40 & 31.00 & 12.55 & 28.55 & 31.40 \\
28.55 & 9.70 & 4.00 & 28.55 & 25.70 & 22.85 & 20.00 & 22.85 & 9.70 & 22.85 & 25.70 \\
34.25 & 4.00 & 12.55 & 34.25 & 31.40 & 28.55 & 25.70 & 28.55 & 15.40 & 28.55 & 31.40
\end{array}\right)
\end{array}$$

求解矩阵 D' 中任意 $d_{i_1 j_1}, d_{i_2 j_2}, \left(i_1 \neq i_2, j_1 \neq j_2, i_1, i_2, j_1, j_2 \in \{1, 2, \cdots, 11\} \right)$ 的相似度，并规范化为 $r^{*'}\left(d_{i_1 j_1}, d_{i_2 j_2} \right)$，同时将矩阵 D 中任意元素 $d_{ij}\left(i, j \in \{1, 2, \cdots, 8\} \right)$ 规范化得 $d^{*'}_{i_s j_t}$，进而得

$$\begin{cases} \min \gamma = \sum_{i_s=1}^{11} \sum_{j_t=1}^{11} \sum_{i_k=1}^{11} \sum_{j_f=1}^{11} \left(\left(1 - \frac{abs\left(d_{i_s j_t} - d_{i_k j_f} \right)}{\max\{d_{i_s j_t}, d_{i_k j_f}\}} \right) x_{i_s j_t} x_{i_k j_f} \right) + \sum_{i_s=1}^{11} \sum_{j_t=1}^{11} \left(d^*_{i_s j_t} x_{i_s j_t} \right) \\ \text{s.t.} \quad \sum_{i_s=1}^{11} x_{i_s j_t} = 1, \sum_{j_t=1}^{11} x_{i_s j_t} = 1, x_{i_s j_t} \in \{0,1\}, x_{i_k j_f} \in \{0,1\}, i_s, j_t, i_k, j_f \in \{1,2,\cdots,11\} \end{cases} \quad (2.9)$$

接下来，本节利用遍历可行解算法、经典遗传粒子群算法及改进的遗传-离散粒子群算法分别求解模型（2.9）。

2. 遍历可行解算法求解模型

本节利用遍历可行解算法求解模型（2.9）。2018 年 7 月 24 日，本节编写了遍历可行解的程序，该程序自 12 时 37 分运行至 12 时 59 分，共运行 22 分钟，取得模型（2.9）的所有目标函数值，详见图 2.4。通过图 2.4 可以看出，模型（2.9）存在大量的局部最优解。这也就使得当启发式算法被用来寻求全局最优解时容易陷入局部最优。另外，利用遍历可行解算法得到模型（2.9）的全部最优解依次为

$$l_1^* = \begin{pmatrix} p_1 & p_2 & p_3 & p_4 & p_5 & p_6 & p_7 & p_8 & p_9 & p_{10} & p_{11} \\ q_4 & q_3 & q_6 & q_9 & q_2 & q_{10} & q_{11} & q_8 & q_5 & q_7 & q_1 \end{pmatrix}$$

$$l_2^* = \begin{pmatrix} p_1 & p_2 & p_3 & p_4 & p_5 & p_6 & p_7 & p_8 & p_9 & p_{10} & p_{11} \\ q_4 & q_3 & q_6 & q_5 & q_2 & q_{10} & q_{11} & q_8 & q_9 & q_7 & q_1 \end{pmatrix}$$

$$l_3^* = \begin{pmatrix} p_1 & p_2 & p_3 & p_4 & p_5 & p_6 & p_7 & p_8 & p_9 & p_{10} & p_{11} \\ q_2 & q_3 & q_6 & q_9 & q_4 & q_{10} & q_{11} & q_8 & q_5 & q_7 & q_1 \end{pmatrix}$$

$$l_4^* = \begin{pmatrix} p_1 & p_2 & p_3 & p_4 & p_5 & p_6 & p_7 & p_8 & p_9 & p_{10} & p_{11} \\ q_2 & q_3 & q_6 & q_5 & q_4 & q_{10} & q_{11} & q_8 & q_9 & q_7 & q_1 \end{pmatrix}$$

$$l_5^* = \begin{pmatrix} p_1 & p_2 & p_3 & p_4 & p_5 & p_6 & p_7 & p_8 & p_9 & p_{10} & p_{11} \\ q_2 & q_3 & q_6 & q_9 & q_1 & q_{10} & q_{11} & q_8 & q_5 & q_7 & q_4 \end{pmatrix}$$

$$l_6^* = \begin{pmatrix} p_1 & p_2 & p_3 & p_4 & p_5 & p_6 & p_7 & p_8 & p_9 & p_{10} & p_{11} \\ q_2 & q_3 & q_6 & q_5 & q_1 & q_{10} & q_{11} & q_8 & q_9 & q_7 & q_4 \end{pmatrix}$$

$$l_7^* = \begin{pmatrix} p_1 & p_2 & p_3 & p_4 & p_5 & p_6 & p_7 & p_8 & p_9 & p_{10} & p_{11} \\ q_1 & q_3 & q_6 & q_9 & q_2 & q_{10} & q_{11} & q_8 & q_5 & q_7 & q_4 \end{pmatrix}$$

$$l_8^* = \begin{pmatrix} p_1 & p_2 & p_3 & p_4 & p_5 & p_6 & p_7 & p_8 & p_9 & p_{10} & p_{11} \\ q_1 & q_3 & q_6 & q_5 & q_2 & q_{10} & q_{11} & q_8 & q_9 & q_7 & q_4 \end{pmatrix}$$

另外，模型（2.9）对应的所有适应度值见图 2.4。由经典粒子群算法得到的适应度值下降曲线见图 2.5。

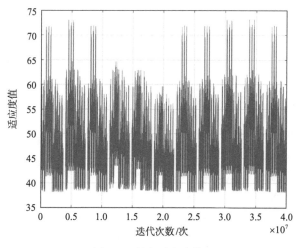

图 2.4　所有适应度值

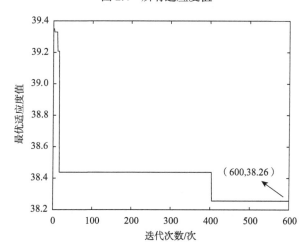

图 2.5　经典粒子群算法得到的适应度值下降曲线

3. 经典离散粒子群算法求解模型

首先，令粒子数为 100，迭代次数为 1 000 次，并利用 3.2 节提出的遗传-离散粒子群算法求解模型（2.9）。2018 年 7 月 24 日，本节运行 3.2 节给出的遗传-离散粒子群程序，该程序自 12 时 37 分 3 秒 897 毫秒运行至 39 分 650 毫秒，共运行 5 秒 763 毫秒。另外，得到 $\min \gamma_1 = 38.26$ 及模型（2.9）的近似解为

$$l_1' = \begin{pmatrix} p_1 & p_2 & p_3 & p_4 & p_5 & p_6 & p_7 & p_8 & p_9 & p_{10} & p_{11} \\ q_{11} & q_{10} & q_9 & q_3 & q_1 & q_4 & q_6 & q_8 & q_2 & q_7 & q_5 \end{pmatrix}$$

其次，利用经典离散粒子群算法对模型（2.9）重复实验了 20 次，得到结果见图 2.6。

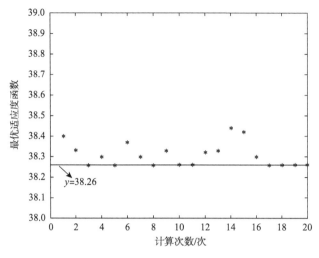

图 2.6 连续 20 次仿真计算结果

4. 改进的遗传-离散粒子群算法求解模型

本节令粒子数为 100，迭代次数为 1 000，并利用 3.2 节提出的遗传-离散粒子群算法求解模型（2.9）。在给定的计算机条件下，该程序的运行时间为自 2018 年 8 月 1 日 17 时 46 分 3 秒 80 毫秒运行至 46 分 7 秒 115 毫秒，共运行 4 秒 35 毫秒。经过运算得到共享适应度值 $\min \gamma_2' = 4.139\,8$，对应原函数实际适应度值为 $\min \gamma_2 = 38.26$，以及

$$l_2' = \begin{pmatrix} p_1 & p_2 & p_3 & p_4 & p_5 & p_6 & p_7 & p_8 & p_9 & p_{10} & p_{11} \\ q_9 & q_{10} & q_6 & q_4 & q_7 & q_1 & q_{11} & q_8 & q_3 & q_5 & q_2 \end{pmatrix}$$

为了更好地对上述算法进行评估，避免算法性能表现出偶然性，进一步说明改进遗传-离散粒子群算法的稳定性，分别给定粒子数分别为 100、500、1 000，迭代次数为 1 000，得到不同粒子群下的适应度变化值，如图 2.7 所示。

5. 计算结果分析

首先，通过图 2.7 可以得到，改进遗传-粒子群算法的适应度值的收敛速度明显高于经典的粒子群算法。图 2.7 表明，改进后的粒子群算法性能稳定，在不同粒子数量下均表现出较好的性能，具有很强的适应性。新算法不但加快了寻找最优解的速度，提高了收敛精度，而且增强了粒子群算法的全局收敛性能。

其次，与谭熠峰等的研究成果相比[60]，本节将基于动态因子和共享适应度的改进粒子群算法推广到离散优化问题领域，有特定的优先应用范围。具体地，在

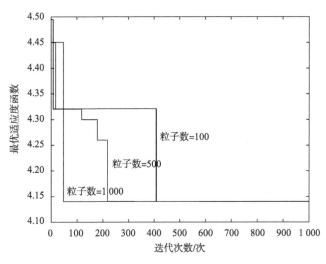

图 2.7　适应度值下降曲线

惯性权重随着迭代次数减小，动态改进学习因子的基础上，引入遗传算法中的共享适应度函数，提出了一种改进了的遗传-离散粒子群算法。通过对四门仓库同时出入库作业叉车线路优化算例，表明该算法是一种容易实现、精度高、收敛快的优化算法。另外需要指出的是，实例表明遍历可行解算法耗时太长，因而不适合在现实生产中推广。

通过实例可以看到，本节的主要创新点有如下三点。首先，在实践上的主要价值在于为危险品仓库的几何设计提供了一种新的、特色鲜明的选择方案，扩充了仓库设计的方案选项。其次，通过拓扑变换将危险品仓库的出入库作业提炼为一类特殊的二次指派问题。最后，将一类实用性较强的共享适应度函数粒子群算法推广到离散最优化领域，给出了一种遗传-离散粒子群算法，并取得了良好的应用效果。另外，本节只是四门仓库研究的一个开始，四门仓库还有很多内容需要进一步研究，如四门仓库内货位的设计、四门仓库与双门仓库的搭配使用等。

2.2　互通危险品平仓仓库设计及叉车运行线路的优化方法

2.2.1　研究问题的提出

在四门仓库的基础上，为了进一步优化危险品仓库仓储活动，更好地协调危险品出入库活动中的效率、成本与安全三个因素，本节提出了互通危险品仓库的概念，并对互通危险品仓库的作业进行了模型研究。为了做好本项研究，本书重点关注了危险品运输[68~71]、智能仓库[72~78]、神经网络算法[79~87]等方面的相关研究成果。其后，本书在参阅了危险品仓库设计的有关管理文件后[88, 89]，从建筑平面布置的角度入手，提出了互通危险品仓库的概念，以求在保障安全的前提下，提高危险品仓库的运营效率和管理水平。另外，本书围绕隔离门的设计和使用，逐渐构建形成了智能仓库条件下的出入库作业思路。本节的技术路线图见图 2.8。

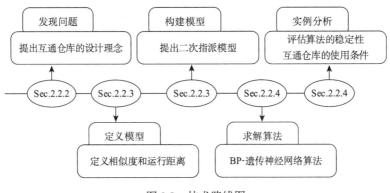

图 2.8　技术路线图

2.2.2　互通危险品仓库设计思路

一般情况下，常规危险品双门仓库及四门危险品仓库中叉车的活动范围小，出入库运作效率低，且其运行线路完全由现场管理人员确定。为提高危险品出入库运作效率，以及减少叉车运行距离，本节基于最优化理论提出了互通危险品仓库的设计理念。互通危险品仓库的核心思想是将常规危险品双门仓库打通，安装可推拉的隔离门，并记一个原双门仓库空间为一个房间。为了更好地说明互通危险品仓库的设计思路，本节根据上海某危险品仓库的参数绘制了智能危险品仓库的示意图，详情见图 2.9。

为了保障叉车的安全运行，在调研的基础上，本节制定了"叉车在互通危险品仓库内顺时针方向依次行驶，且每个房间不能同时出现两辆或以上数量叉车的叉车运行原则"。叉车运行线路由不同的闭环路径组成，如图 2.9 中的 A 类型闭环表示同时出入库作业活动中的一个叉车运行路径，该路径由入库集卡、入库危险品货位、出库危险品货位、出库集卡等四个节点组成。图 2.9 中的 B 类型闭环径为单出库作业路径，该路径由出库集卡、出库货位等两个节点组成。在调研的基础上，智能仓库中的叉车运行路径由考虑叉车运行成本和效率的算法确定，叉车在

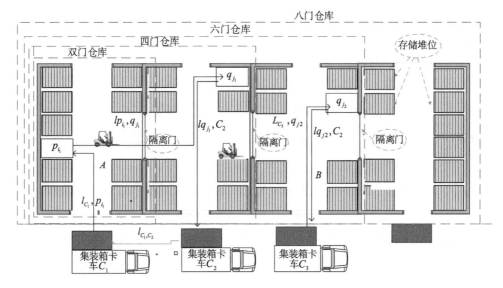

图 2.9　互通危险品仓库示意图

不同路径上的运行顺序由现场管理人员确定。该原则既保证了叉车运行的高效率，又能给现场管理人员充分的管理权限。在存储量较大，叉车数量充足的情况下，可以打开适当数量的隔离门，构建包含两个房间、三个房间或更多个房间的危险品仓库。该策略不但能增加叉车的活动范围，而且可以实现多出入库任务的同时进行，降低甚至消除双门规制仓库出库作业时造成的仓储设备及人力浪费。综上所述，常规双门仓库及四门仓库存储空间较大，但同一时间只能进行一项出入库活动，出入库效率较低，出入库设备难以协调使用；而新设计的互通危险品仓库虽然减少了仓库的平均存储空间，但其设计特别有利于特定危险品出库时的设备协调使用，并且对常规的多集装箱同时出库、同时入库，以及同时出入库作业都有效率提升作用。

2.2.3　互通危险品平仓仓库叉车出入库线路优化模型

1. 基本参数介绍

在互通危险品仓库设计思路的指导下，本书按照图 2.9 将常规的双门仓库通过设置隔离门升级为互通仓库。接下来，本节将分 2 叉车和 3 叉车两种作业情况，提炼互通危险品仓库在六门（三房间）条件下的出入库运行模型。为了研究内容的一般性，本节只考虑出库点大于入库点的情况，出库点小于或等于入库点的情况可以做类似处理。记 C_1 为入库集装箱，C_2 与 C_3 为出库集装箱。假设 C_1 有 m 个入库点，记为 $p_1, p_2, \cdots, p_m$，C_2 与 C_3 共对应 n 个出库点，记为 $q_1, q_2, \cdots, q_n$，其中 $m < n$，并记 $M = \{1, 2, \cdots, m\}$，$N = \{1, 2, \cdots, n\}$。因此整个危险品出入库作业过程中共有 m 条 A 类型路径，$n - m$ 条 B 类型路径。对任意的 $i \in M$，$j \in N$，假定叉车先从 C_1 出发，经路径 l_{C_1, p_i} 将 C_1 的危险品送抵给定的 $p_i (i \in M)$，随后经路径 l_{p_i, q_j} 在 $q_j (j \in N)$ 处取运往 C_2 的危险品，继而经路径 l_{q_j, C_2} 将危险品运抵 C_2，并经路径 l_{C_1, C_2} 空驶返回 C_1。记这样的 A 类型出入库往返线为 S_{p_i, q_j}。假定叉车从 $C_t (t = 2, 3)$ 出发，沿路线 l_{C_t, q_j} 到达出库点 q_j，在 q_j 处取运往 C_t 的危险品，经路径 l_{C_t, q_j} 将危险品送至 C_t，记这样的一条 B 类型路径为 S_{C_t, q_j}。同时，记任意两点 A 和 B 的距离为 $L(A, B)$。

一般情况下，叉车运行路径的确定需要考虑成本和效率两个因素。对于成本，需要我们选择适当的线路，使得叉车运行的距离最短。对于效率，由于在同一时间同一个房间只允许一辆叉车作业，我们选择的不同闭环路径总长度的相似度应尽可能小，从而当存在多辆叉车可资使用时，我们有更多的选择空间来保障作业的顺畅和安全。接下来，本书以六门仓库为例，分别研究在双叉车和三叉车两种不同情况下的叉车作业线路规划问题，在双叉车可供使用的情况下，本书为成本和效率赋予相同的权重；在三叉车可供使用的情况下，本节增加对影响叉车效率因素的权重，得到不同权重下的叉车运行线路。

2. 六门仓库双叉车线路规划模型

当两个集装箱同时进行出库与入库危险品作业，且出入库活动时效性较强时，本书安排两辆叉车进行装卸作业。为降低算法复杂性，本节所提出的六门仓库双叉车作业路径优化需做以下两点假设：首先，受危险品人工装卸因素的影响，本节仅建立入库节点与出库节点之间的匹配，为叉车的运行提供闭环路径集合；其次，六门仓库的布局和线路宽度虽然可以保证两个叉车在同向或相向运行阶段的正常行驶，但安全起见，本节规定在一个危险品仓库房间同一时间仅可以有一辆叉车作业。六门仓库由三个规制双门仓库组成，本书需要实现闭环路径总距离的趋同，以使得现场管理人员可以灵活调动两辆叉车。为降低上述分析对实际场景描述的不足，本节的做法是令入库点与出库点组成的任意点对的路径长度差异明显。假设 $S_{p_{i_1}, q_{j_1}}, S_{p_{i_2}, q_{j_2}}, (i_1, i_2 \in M, j_1, j_2 \in N)$ 两辆同时运行的叉车的路径，则二者路径长度差异应尽可能大，以减少两台叉车在出入库作业时居于同一房间的概率，进而增加叉车作业的灵活性。在此基础上，以低成本和高效率为双目标，依据现有的危险品仓库出入库流程，给出了六门仓库同时出入库作业双叉车线路优化模型。该模型具体步骤如下。

　　首先，从最终的入库点与出库点集合中选取 $l(p_{i_s}, q_{j_t}), l(p_{i_k}, q_{j_f})$，定义 $l(p_{i_s}, q_{j_s})$ 与 $l(p_{i_k}, q_{j_k})$ 之间的相似度为 r，按照模型（2.1）将其规范化得 $r^*((p_{i_s}, q_{j_s}), (p_{i_k}, q_{j_k}))$。其次，将任意的出入库点对之间的距离规范化得 $L^*(p_{i_s}, q_{j_t})$。其中，相关度对应叉车运行效率，路径总长度对应叉车运行成本。为了实现总相似度指标 r^*，以及闭环路径总长度 L 最小的目标，构建多目标模型

$$
\left\{
\begin{aligned}
\min \gamma &= \sum_{i_s, i_k}^{m} \sum_{j_t, j_f}^{n} \left(x_{i_s j_t} x_{i_k j_f} r^*\left((p_{i_s}, q_{j_t}), (p_{i_k}, q_{j_f})\right) \right) + \sum_{i_s=1}^{m} \sum_{j_t=1}^{n} x_{i_s j_t} L^*\left(p_{i_s}, q_{j_t}\right) \\
&\quad + \sum_{i,j=2}^{3} \sum_{j_t, j_f}^{n-m} \left(x_{C_i j_t} x_{C_j j_f} r^*\left((C_i, q_{j_t}), (C_j, q_{j_f})\right) \right) + \sum_{i=2}^{3} \sum_{j_t=1}^{n-m} x_{C_i j_t} L^*\left(C_i, q_{j_t}\right) \quad (2.10) \\
\text{s.t.} &\quad \sum_{i_s=1}^{m} x_{i_s j_t} = 1, \sum_{j_t=1}^{n} x_{i_s j_t} = 1, x_{i_s j_t} \in \{0,1\}, x_{i_k j_f} \in \{0,1\}, x_{C_i j_t} \in \{0,1\}
\end{aligned}
\right.
$$

其中，$\sum_{i_s, i_k}^{m} \sum_{j_t, j_f}^{n} \left(x_{i_s j_t} x_{i_k j_f} r^*\left((p_{i_s}, q_{j_t}), (p_{i_k}, q_{j_f})\right) \right)$ 代表 m 个入库点与 n 个出库点组成闭环路径间的相似度；$\sum_{i_s=1}^{m} \sum_{j_t=1}^{n} x_{i_s j_t} L^*\left(p_{i_s}, q_{j_t}\right)$ 代表有出入库闭环路径的总距离；$\sum_{i,j=2}^{3} \sum_{j_t, j_f}^{n-m} \left(x_{C_i j_t} x_{C_j j_f} r^*\left(C_i, q_{j_t}\right), (C_j, q_{j_f})\right)$ 代表各出库路径之间的相似度；$\sum_{i=2}^{3} \sum_{j_t=1}^{n-m} x_{C_i j_t} L^*\left(C_i, q_{j_t}\right)$ 代表所有出库作业路径的总距离。这里需要指出的是，模型（2.10）对闭环路径间的相似度和闭环路径总长度赋予了相同的权重。另外，易知模型（2.10）共有 $C_n^m m!$ 个可行解，由于每次运算所包含多个步骤，随着出入库点的增加，计算时间将爆发式增长，故在出入库点数量较大时，应采用启发式算法解决上述模型。

　　在启发式算法中，人工神经网络备受关注。目前，人工神经网络已广泛应用于故障检测、语言识别、模式识别等领域。在实际应用中，神经网络也存在了一些自身固有的缺陷，如权值的初始化是随机的、易陷入局部极小、学习过程中隐含层的节点数目和其他参数的选择只能根据经验和实验来选择、收敛时间过长等。针对 BP（back propagation，反向传播）网络的不足，本节将遗传算法和 BP 神经网络技术结合在一起，充分利用遗传算法的全局搜索能力和 BP 神经网络算法的局部搜索能力，提出了一种新的互通危险品仓库叉车出入库运行线路求解方法。该算法的基本思想就是用个体代表网络的初始权值和阈值，把样本的 BP 神经网络的测试误差的范数作为目标函数的输出，进而计算该个体的适应度值，通过选择、

交叉、变异作业寻找最优个体，即最优的 BP 神经网络初始权值和阈值。本节从优化 BP 神经网络算法的结构、权值和阈值出发，改进的操作如下。

（1）BP 神经网络算法的结构设计。

由于 BP 神经网络算法结构中隐含层的个数通常都是要通过不同的实验测试来确定的，在实验的过程中更改隐含层的个数，相应的权值和阈值就必须做出修改，这对网络的学习速度和效率有一定的影响，故对不同的网络结构通过遗传算法生成一个最佳个体，最后对所有的最佳个体以适应度函数为标准，选择一个最优个体来构造 BP 神经网络算法。

（2）编码和初始种群。

在遗传-神经网络算法中，对神经网络的隐含层节点数一般采用二进制编码，编码方式简单，易于进行交叉和变异操作。对神经网络中每个连接权值、阈值和学习速率按一定的顺序级联起来，形成一个实数数组，作为遗传算法的个体集。

（3）适应度函数的给定。

遗传-神经网络算法的适应度函数建立在神经网络的总误差基础上，即每条路径的适应度函数取为 BP 神经网络算法中的均方误差函数 $f = \dfrac{1}{2}\sum\limits_{k=1}^{K}\sum\limits_{j=1}^{K}\left(T_j^k - Y_j^k\right)^2$，其中，$T_j^k$ 为理想输出；Y_j^k 为真实输出；K 为样本集个数。方便起见，计算符号如下所示：h 为隐含层节点数，C 为神经网络顶层节点输出；θ_0 为顶层节点阈值；O_{Mm} 为中间层 m 个节点的输出；θ_{Mm} 为中间层第 m 个节点的阈值；W_{xm}, W_{ym} 为第 m 个限制条件系数；G 为中间层节点数；$T_{\max}$ 为最大迭代次数；N 为群体大小；pc 为交叉概率；p_m 为变异概率。设 $l^* = \begin{pmatrix} p_1 & p_2 & \cdots & p_m \\ q_{j_1} & q_{j_2} & \cdots & q_{j_m} \end{pmatrix}$ 为满足模型（2.10）约束条件的任意给定线路，其中，任意给定的入库点 $p_i\left(i \in M\right)$ 与任意给定的出库点 $q_{j_i}\left(j_i \in N\right)$ 对应。

接下来，本节利用遗传-神经网络算法求解出入库线路优化问题。

步骤 2.13：按照编码方式随机产生初始群，群体中的每个个体对应一种网络结构下的初始参数。

步骤 2.14：建立初始状态下的 BP 神经网络。将 BP 神经网络算法的权值和阈值、隐含层的与输出层的权值，输入层与隐含层阈值、隐含层与输出层的阈值的顺序打通，形成一个三层神经网络结构。神经网络中的运算关系为

$$C = f\left(\sum_{m=1}^{G} O_{Mm} + \theta_0\right), \quad O_{Mm} = f\left(W_{xm} \times p_i + W_{ym} \times q_i + \theta_{Mm}\right)$$

步骤 2.15：利用实际的仓库参数得到样本数据，并随机给出一种符合条件的叉车运行方案（初始方案），将样本数据按照初始方案输入 BP 神经网络算法，训练 BP 神经网络算法并计算神经网络输出误差。

步骤 2.16：将经由 BP 神经网络得到的总误差 $f = \frac{1}{2}\sum_{k=1}^{K}\sum_{j=1}^{K}\left(T_j^k - Y_j^k\right)^2$ 作为遗传算法的适应度函数，并据此计算每个个体的适应度函数值。

步骤 2.17：计算交叉概率和变异概率，然后按照选择、交叉、变异、遗传等步骤，对当前群体进行遗传算法操作，产生新的种群（神经网络参数）。判断是否达到最大进化迭代数，若满足，则转向步骤 2.18，若不满足，则用当前群体建立 BP 神经网络，并转向步骤 2.15。

步骤 2.18：遗传结束。计算当前群体中每个个体的适应度函数值，将最大值视为最优个体。将该个体按照解码方式进行解码，得到最优的网络结构参数，并建立最佳的 BP 神经网络。

步骤 2.19：提供一组输入样本给 BP 神经网络的输入层，训练网络，并计算输出误差。

步骤 2.20：判断是否训练完所有的样本，若不满足则选取下一个学习样本提供给网络，返回到步骤 2.19，若满足则转至步骤 2.21。

步骤 2.21：按照误差公式计算总误差，判断网络的总误差 E 是否满足 $E < \varepsilon$，若满足则结束训练，若不满足则转向步骤 2.22。

步骤 2.22：判断网络是否达到预定训练次数，若不满足则返回到步骤 2.19，若满足条件则结束训练。

本节将继续分析六门仓库中三叉车运行线路确定的方法。随着叉车数量的增加，线路优化过程应该更侧重于叉车运行效率。因此本节将量化模型（2.10）中相关度和距离前的权重，并通过调节相关度的权重，进一步分析叉车在不同权重下的运行规律。为效率和成本赋权后，模型（2.10）被改进为

$$
\begin{cases}
\min \gamma = w_1 \sum_{i_s, i_k}^{m} \sum_{j_t, j_f}^{n} \left(x_{i_s j_t} x_{i_k j_f} r^*\left(\left(p_{i_s}, q_{j_t}\right), \left(p_{i_k}, q_{j_f}\right)\right)\right) + w_2 \sum_{i_s=1}^{m} \sum_{j_t=1}^{n} x_{i_s j_t} L^*\left(p_{i_s}, q_{j_t}\right) \\
\qquad + w_1 \sum_{i,j=2}^{3} \sum_{j_t, j_f}^{n-m} \left(x_{C_i j_t} x_{C_j j_f} r^*\left(\left(C_i, q_{j_t}\right), \left(C_j, q_{j_f}\right)\right)\right) + w_2 \sum_{i=2}^{3} \sum_{j_t=1}^{n-m} x_{C_i j_t} L^*\left(C_i, q_{j_t}\right) \\
\text{s.t.} \quad \sum_{i_s=1}^{m} x_{i_s j_t} = 1, \sum_{j_t=1}^{n} x_{i_s j_t} = 1, x_{i_s j_t} \in \{0,1\}, x_{i_k j_f} \in \{0,1\}, x_{C_i j_t} \in \{0,1\}
\end{cases}
$$

$$(2.11)$$

其中，$w_1 \in [0,1]$，$w_2 \in [0,1]$，$w_1 + w_2 = 1$。

当 $w_1 = 0$ 时，模型（2.11）中的目标函数只考虑了路径之间的相似度，当 $w_1 = 0$

时，模型（2.11）中的目标函数只考虑了路径距离的最小化。由于模型（2.11）中的相关度对应运行效率，路径距离对应运行成本，故随着叉车数量的增加，在线路规划过程中更侧重于叉车的运行效率，可通过 w_1 的值来研究相似度对模型的影响，进而达到优化目的。在上述分析的基础上，本书可以使用遗传-神经网络算法得到模型的可行解，通过调节路径相似度和路径距离的权重，得到不同权重下的适应度值，并分析整体趋势。另外，本书可以计算不同权重下使用遗传-神经网络方法的测试误差。接下来，我们将通过一个算例给予具体介绍。

2.2.4　三个房间条件下互通危险品仓库叉车线路优化算例

1. 算例介绍

本节以上海某危险品仓库的数据为样本，提出双叉车和三叉车同时出入库的路径优化问题。为叙述方便，本节选取遗传-神经网络算法为研究工具进行介绍。记停在仓库门前的集装箱分别为 C_1、C_2 和 C_3，假定集装箱 C_1 为入库，集装箱 C_2 和 C_3 为出库。假设 C_1 有 12 个入库点，C_2 和 C_3 共对应 15 个出库点。因此该运作过程中共有 12 条出入库往返路径（A 类型路径）和 3 条出库往返路径（B 类型路径）。仓库作业示意图如图 2.10 所示。对上海某危险品仓库实际调研得到仓库的宽度为17.5 米，长度为 48 米，仓库门的宽度为 4 米，集装箱卡车之间的距离为 12 米，集卡到仓库的距离为 2 米，在上述条件下，本节为叉车运行提供线路优化方案。

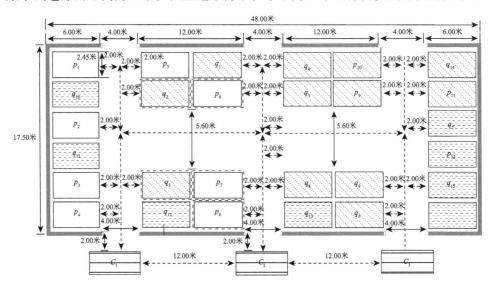

图 2.10　叉车所在仓库几何结构示意图

2. 六门仓库双叉车三集卡作业环境

在上节给定的条件下，本节将给出双叉车六门仓库条件下的叉车线路确定方法。计算得到入库点到出库点之间闭环路径的距离，将上述数据整理成矩阵的形式，并记为 $D = \left(d_{ij}\right)_{12 \times 15}$，$D$ 中 D 的行对应出库点，列对应入库点。其中

$$d =$$

Columns 1 through 8

85.800 0	71.750 0	80.300 0	85.800 0	80.300 0	99.750 0	102.600 0	71.750 0
70.525 0	64.825 0	67.675 0	70.525 0	64.825 0	87.125 0	87.125 0	61.975 0
71.750 0	66.050 0	57.500 0	71.750 0	66.050 0	79.800 0	88.350 0	54.650 0
72.003 0	66.050 0	57.500 0	72.000 0	66.053 0	85.500 0	88.350 0	57.500 0
85.800 0	71.750 0	80.300 0	85.800 0	80.300 0	99.750 0	102.600 0	71.750 0
71.750 0	106.600 0	106.600 0	71.750 0	66.050 0	94.050 0	94.050 0	66.050 0
77.450 0	103.750 0	103.750 0	77.450 0	71.750 0	88.350 0	94.050 0	54.650 0
83.150 0	109.450 0	109.450 0	83.150 0	77.450 0	94.050 0	87.750 0	60.350 0
109.450 0	135.750 0	135.750 0	109.450 0	103.750 0	94.050 0	94.050 0	95.200 0
118.000 0	138.600 0	138.600 0	118.000 0	96.300 0	99.750 0	99.750 0	103.750 0
112.300 0	138.550 0	138.550 0	112.300 0	103.750 0	93.450 0	82.620 0	98.050 0
103.750 0	130.050 0	130.050 0	103.750 0	98.050 0	88.350 0	88.350 0	86.650 0

Columns 9 through 15

99.750 0	71.750 0	72.525 0	53.150 0	71.550 0	114.000 0	99.750 0
87.125 0	64.825 0	59.900 0	96.825 0	59.125 0	98.525 0	87.125 0
82.650 0	66.050 0	55.425 0	60.350 0	54.650 0	99.750 0	62.650 0
82.650 0	66.350 0	55.425 0	54.650 0	57.300 0	99.750 0	85.500 0
99.750 0	71.750 0	72.525 0	53.150 0	71.550 0	114.000 0	99.750 0
94.050 0	112.075 0	98.825 0	112.300 0	66.050 0	105.450 0	94.050 0
91.200 0	103.750 0	93.125 0	103.750 0	54.650 0	105.450 0	88.350 0
94.050 0	109.450 0	98.825 0	112.100 0	54.650 0	110.950 0	96.900 0
94.050 0	135.750 0	130.825 0	141.450 0	98.150 0	99.750 0	94.050 0
99.750 0	141.450 0	136.525 0	147.150 0	103.550 0	99.750 0	99.750 0
94.050 0	135.750 0	130.825 0	141.450 0	98.050 0	99.750 0	94.050 0
82.650 0	130.050 0	119.425 0	130.050 0	86.650 0	99.750 0	82.650 0

通过测距可得矩阵 D 中任意的 $d_{i_1 j_1}$，$d_{i_2 j_2}$，其中，$i_1 \neq i_2$，$j_1 \neq j_2$，$i_1, i_2 \in \{1, 2, \cdots, 12\}$，$j_1, j_2 \in \{1, 2, \cdots, 15\}$，继而构建最优化模型为

$$
\begin{cases}
\min \gamma = w_1 \displaystyle\sum_{i_s, i_k}^{12} \sum_{j_t, j_f}^{15} \left(x_{i_s j_t} x_{i_k j_f} r^* \left((p_{i_s}, q_{j_t}), (p_{i_k}, q_{j_f}) \right) \right) + w_2 \displaystyle\sum_{i_s=1}^{12} \sum_{j_t=1}^{15} x_{i_s j_t} L^* \left(p_{i_s}, q_{j_t} \right) \\
\qquad + w_1 \displaystyle\sum_{i,j=2}^{3} \sum_{j_t, j_f}^{3} \left(x_{C_i j_t} x_{C_j j_f} r^* \left((C_i, q_{j_t}), (C_j, q_{j_f}) \right) \right) + w_2 \displaystyle\sum_{i=2}^{3} \sum_{j_t=1}^{3} x_{C_i j_t} L^* \left(C_i, q_{j_t} \right) \\
\text{s.t.} \quad \displaystyle\sum_{i_s=1}^{12} x_{i_s j_t} = 1, \sum_{j_t=1}^{15} x_{i_s j_t} = 1, x_{i_s j_t} \in \{0, 1\}, x_{i_k j_f} \in \{0, 1\}, x_{C_i j_t} \in \{0, 1\}
\end{cases}
$$

$$（2.12）$$

在双叉车情形下，首先令 $w_1 = w_2 = 0.5$，并采用遗传-神经网络算法求解上述模型。其次令初始种群为 50，最大迭代次数为 100，交叉概率为 $p_c = 0.6$，选择概率为 $p_m = 0.001$，BP 神经网络算法的训练次数为 500，训练目标为 0.001，学习速率为 $p_r = 0.05$。图 2.11 是最优适应度值下降曲线，该曲线表明每次运算的适应度值下降趋势明显，速度较快，说明通过使用遗传算法能找到神经网络的最优适应度值，反映了算法实施较好。另外，图 2.12 给出了基于遗传算法对 BP 神经网络样本的测试误差，从图中可看出测试误差能保持在 0.02 以内，这进一步说明新提出方法的有效性。

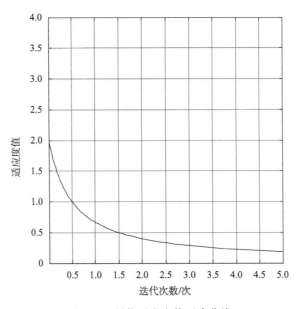

图 2.11　最优适应度值下降曲线

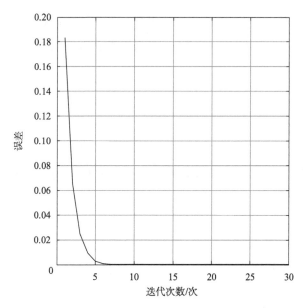

图 2.12　遗传-BP 神经网络算法训练误差图

接下来，本书给出使用优化后的权值和阈值之后，得到测试样本预测结果，所得的近似解为

$T_{\text{test}} =$

$$
\begin{matrix}
0 & 0 & 0 & 0 & 0 & 0 & 0 & 0 & 0 & 1 & 0 & 0 & 0 & 0 & 0 \\
0 & 0 & 0 & 0 & 0 & 0 & 0 & 0 & 0 & 0 & 1 & 0 & 0 & 0 & 0 \\
0 & 0 & 0 & 0 & 0 & 0 & 0 & 1 & 0 & 0 & 0 & 0 & 0 & 0 & 0 \\
0 & 0 & 1 & 0 & 0 & 0 & 0 & 0 & 0 & 0 & 0 & 0 & 0 & 0 & 0 \\
0 & 1 & 0 & 0 & 0 & 0 & 0 & 0 & 0 & 0 & 0 & 0 & 0 & 0 & 0 \\
0 & 0 & 0 & 1 & 0 & 0 & 0 & 0 & 0 & 0 & 0 & 0 & 0 & 0 & 0 \\
0 & 0 & 0 & 0 & 1 & 0 & 0 & 0 & 0 & 0 & 0 & 0 & 0 & 0 & 0 \\
0 & 0 & 0 & 0 & 0 & 0 & 1 & 0 & 0 & 0 & 0 & 0 & 0 & 0 & 0 \\
0 & 0 & 0 & 0 & 0 & 0 & 0 & 0 & 1 & 0 & 0 & 0 & 0 & 0 & 0 \\
0 & 0 & 0 & 0 & 0 & 0 & 0 & 0 & 0 & 0 & 0 & 0 & 0 & 0 & 1 \\
0 & 0 & 0 & 0 & 0 & 0 & 0 & 0 & 0 & 0 & 0 & 0 & 0 & 1 & 0 \\
0 & 0 & 0 & 0 & 0 & 1 & 0 & 0 & 0 & 0 & 0 & 0 & 0 & 0 & 0 \\
\end{matrix}
$$

至此，得到仓库内叉车运行路线为

$$
l^{*} = \begin{pmatrix}
1 & 2 & 3 & 4 & 5 & 6 & 7 & 8 & 9 & 10 & 11 & 12 \\
10 & 11 & 8 & 3 & 2 & 4 & 5 & 7 & 9 & 15 & 14 & 6
\end{pmatrix}
$$

因此，通过遗传-神经网络算法可以得到一个出入库点对的可行解。进一步地，为了确定 q_1,q_{12},q_{13} 这三个出库点路径，本书根据就近原则测量出库点到出库集装箱卡车之间的距离

$$D_1 = C_2 \left(\overset{q_1}{39.75}, \overset{q_2}{66.05}, \overset{q_3}{66.05}, \overset{q_4}{39.75}, \overset{q_5}{34.5}, \overset{q_8}{16.95}, \overset{q_{10}}{66.05}, \overset{q_{11}}{56.2}, \overset{q_{12}}{66.05}, \overset{q_{13}}{11.25} \right)$$

$$D_2 = C_3 \left(\overset{q_6}{11.25}, \overset{q_7}{28.35}, \overset{q_9}{16.95}, \overset{q_{14}}{39.75}, \overset{q_{15}}{16.95} \right)$$

由上述测量结果可知，B 类型路径可以规划为 $C_2 \to q_1, C_2 \to q_{12}, C_2 \to q_{13}$，因此叉车整体运行线路为

$$l^* = \begin{pmatrix} 1 & 2 & 3 & 4 & 5 & 6 & 7 & 8 & 9 & 10 & 11 & 12 & C_2 & C_2 & C_2 \\ 10 & 11 & 8 & 3 & 2 & 4 & 5 & 7 & 9 & 15 & 14 & 6 & 1 & 12 & 13 \end{pmatrix}$$

3. 六门仓库三叉车三集卡作业环境

与双叉车的情况类似，我们简要介绍六门仓库三叉车条件下的叉车线路确定思路。在三叉车的条件下，为了提供给现场管理人员更多的选择，需要提高不同闭环路径相似度在最优化模型中的权重。本节使用模型（2.11），并选取 $w_1 = 0.5$，$w_1 = 0.7$，$w_1 = 0.9$ 三种情况，给出了某随机的叉车运行线方案。另外，根据就近原则测量剩余三个出库点到出库集装箱卡车之间的距离，得到不同权重下的叉车路线为

$$l^*_{w_1=0.5} = \begin{pmatrix} 1 & 2 & 3 & 4 & 5 & 6 & 7 & 8 & 9 & 10 & 11 & 12 & C_2 & C_3 & C_3 \\ 10 & 11 & 3 & 12 & 2 & 1 & 8 & 13 & 5 & 14 & 7 & 15 & 4 & 9 & 6 \end{pmatrix}$$

$$l^*_{w_1=0.7} = \begin{pmatrix} 1 & 2 & 3 & 4 & 5 & 6 & 7 & 8 & 9 & 10 & 11 & 12 & C_2 & C_3 & C_3 \\ 2 & 3 & 11 & 12 & 10 & 1 & 13 & 8 & 7 & 14 & 15 & 9 & 4 & 6 & 15 \end{pmatrix}$$

$$l^*_{w_1=0.9} = \begin{pmatrix} 1 & 2 & 3 & 4 & 5 & 6 & 7 & 8 & 9 & 10 & 11 & 12 & C_2 & C_2 & C_3 \\ 10 & 2 & 12 & 3 & 11 & 5 & 8 & 13 & 7 & 14 & 9 & 6 & 1 & 4 & 15 \end{pmatrix}$$

为了进一步分析在成本和效率具有不同权重时的情形，我们接下来通过调节 w_1 的权重，得到了在不同种群下的适应度函数值。仿真结果显示，种群数目影响着适应度值函数的变化，种群数目越多适应度值越大，而且随着 w_1 权重的增大，适应度函数值呈下降趋势，由此量化了相似度在求解适应度值中起到的作用。另外，本节通过调节训练次数，得到遗传-BP 神经网络算法与 BP 神经网络算法的比较结果，两种网络训练结果见图 2.13。图 2.13 显示，基于遗传算法的 BP 神经网络取得了较好的应用效果。

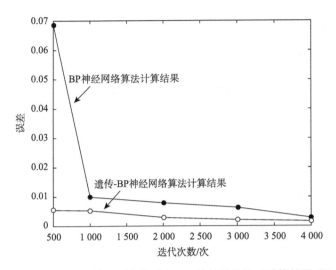

图 2.13　遗传-BP 神经网络算法与 BP 神经网络算法计算结果对比

4. 结论分析

通过以上研究可以看出，将遗传算法与 BP 神经网络算法有机地融合，可以有效弥补 BP 神经网络算法在权值和阈值选择上的随机性缺陷，充分利用遗传算法的全局搜索能力和 BP 神经网络算法的局部搜索能力，增强网络的智能搜索能力。具体地，我们得到的主要结论如下。

第一，本节给出了一种带有隔离门的智能危险品仓库设计方案，通过隔离门可灵活地给出双门仓库、四门仓库、六门仓库、八门仓库等，为仓储客户提供更多的选择。

第二，本节以低成本和高效率为目标，以六门仓库为样本，分双叉车和三叉车两种情况给出了叉车线路多目标规划模型。在更顺畅的出入库作业环境下，危险品仓库的出入库作业也会更加安全，因此，模型中的相似度不仅反映叉车运行的效率，也反映了出入库作业的安全。也就是说，本节给出的模型对出入库作业的成本、效率和安全都有考虑。

第三，本节经过计算给出的是叉车运行路径，即闭环路径集合。至于闭环路径中各线路的运行顺序则由现场管理人员确定。也就是说，本节给出的模型的实施需要较好的人机交互。

第四，本节为解决互通危险品仓库条件下叉车的运行路径规划问题，以遗传算法和神经网络为工具提供了一种启发式算法。

第五，本节借用上海某危险品物流有限公司的实际仓库参数，为模型提供了一个仿真算例。该算例的计算结果表明了模型的有效性和可行性。

2.3 互通危险品平仓仓库中隔离门使用的决策方法

2.3.1 研究问题的提出

截至目前，我国现有的危险品仓库多是平仓仓库，且多是双门规制。为了满足危险品物流业对危险品仓储效率日益增强的要求，在广泛调研的基础上，本章提出了四门危险品仓库及互通危险品仓库的概念。传统双门危险品仓库、四门危险品仓库和互通危险品仓库都是可供仓储企业使用的仓库几何结构。双门仓库与互通危险品仓库协调使用示意图见图 2.14。图 2.14 左侧是常规双门仓库，右侧是带有隔离门的智能仓库。与常规危险品平仓仓库相比，互通危险品仓库的最大特征是在规制双门仓库之间设计一种可推拉的隔离门。在给定的仓储条件下，根据隔离门的使用情况，可以设计多种危险品存储方案。在多种方案中评价和优选出最合理的互通危险品仓库使用方案是一个重要的问题，通过该问题的解决能够实现互通危险品仓库的优越性，提高仓储公司的综合效益。

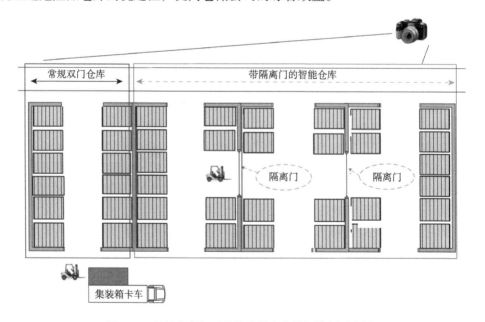

图 2.14 双门仓库与互通危险品仓库协调使用示意图

为了提炼隔离门的使用规律，我们重点关注了危险品运输安全[88~92]、多属性决策[93~102]、出入库作业操作成本，如空间成本、经济成本、时间成本等方面的内容。在参考上述研究成果的基础上，我们围绕带有隔离门的互通危险品仓库，进一步研究了互通危险品仓库中隔离门的使用规律，以提高危险品仓库的运营效率和管理水平。在上述思路的指导下，本节做了一系列研究工作，其创新点主要有如下三点。首先，建立了互通危险品仓库使用架构，为互通危险品仓库的使用提供了思路。其次，提出了基于 TOPSIS-超立方体分割的多属性决策方法解决未提供方案优选指标权重时的仓储方案选择问题。最后，提出了一种带参数的犹豫距离集算法解决提供权重信息的仓储方案优选问题。接下来，我们介绍多指标下的互通危险品仓库隔离门使用方案优选问题。

2.3.2　多指标下的互通危险品仓库隔离门使用方案优选问题

为了安全、高效地使用互通危险品仓库，我们在调研的基础上提出了互通危险品仓库的概念，即将常规危险品双门仓库打通，安装可推拉的隔离门，并记一个双门仓库空间为一个房间。在调研的基础上，本节制定了隔离门和叉车的使用原则：首先，隔离门的使用与否取决于客户存储量和叉车数量；其次，为了避免叉车运行的安全问题，本节制定了"叉车在仓库内顺时针方向依次行驶，且每个房间不能同时出现两辆或以上数量叉车"的叉车运行原则；最后，由于危险品出入库作业包含危险品的包扎、装卸等人工操作环节，且难以确切控制上述环节的作业时间，本节制定了"利用算法确定叉车运行路径集合，由管理人员决定或调整叉车运行路径的顺序"的出入库作业原则。

互通危险品仓库的设计关键在于，在叉车数量充足的情况下，可以打开适当数量的隔离门。构建包含两个房间、三个房间或更多个房间的仓库。该策略不但能增加叉车的活动范围，而且可以实现多出入库任务同时进行，降低甚至消除常规双门仓库出库作业时造成的仓储设备及人力浪费。综上所述，常规双门仓库存储空间较大，但同一时间只能进行一项出入库活动，出入库效率较低，出入库设备难以协调使用；而新设计的互通危险品仓库虽然减少了仓库的平均存储空间，但其设计特别有利于特定危险品出库时的设备协调使用，并且对常规的多集装箱同时出库，同时入库，以及同时出入库作业都有效率提升作用。合理地使用互通危险品仓库能有效提高仓库运作效率和管理水平。

2.3.3　互通危险品平仓仓库隔离门使用的多属性决策模型

1. 参数说明

从危险品运输安全性考虑，本节制定了叉车在仓库内顺时针方向依次行驶，且每个房间不能同时出现两辆或以上数量叉车的叉车运行原则。在上述原则指导下，叉车每次入库作业的运行线路应尽可能多样化，以使得线路间相似度系数较小，供现场管理人员灵活选择。当路径长度足够多样化时，现场管理人员可以根据各工序进展情况灵活调整对各货位的作业顺序，使得管理更加协调，工序更加顺畅，进而为出入库作业提供充分的安全保障。此外，著者经调研得到我国危险品仓租标准，进而通过计算客户存储量使用的仓库房间数量和仓租费来计算不同存储方案的空间成本；可通过相对固定的叉车速度、叉车的运行时间及外部集卡移动时间来计算出入库活动的时间成本；通过计算仓库内叉车运行路径总长度，乘以当前油价得到叉车运行的经济成本。在叉车数量充足的情况下，我们以常规的双门仓库和互通危险品仓库的协调使用为目标。记 C_i 为入库集装箱，d 为入库货位数，$i = 1, 2, \cdots, d$。假设 C_i 有 n 个入库点，记为 $p_1, p_2, \cdots, p_n$，并记 $N = \{1, 2, \cdots, n\}$，因此整个危险品出入库作业过程中共有 n 条入库往返路线。该路线如下：假定叉车先从 C_1 出发，经路径 l_{C_1, p_i} 将 C_1 的危险品送抵给定的 $p_i (i \in N)$，随后经路径 l_{C_1, p_i} 返回至 C_1，记这样一条出入库往返路径为 S_{C_1, p_i}。集装箱卡车由 C_i 移动到 C_j 的路径记为 S_{C_i, C_j}。假设仓库使用共有 m 个方案，决定方案优劣的属性分别为时间成本 (f_1)、空间成本 (f_2)、经济成本 (f_3)，以及运输安全度 (f_4)。设 $X = \{x_1, x_2, \cdots, x_m\}$ 为方案集，$F = \{f_1, f_2, f_3, f_4\}$ 为属性集。设属性权重向量集为 $w = (w_1, w_2, w_3, w_4)$，$w_i \in [0, 1]$，$\sum_{i=1}^{m} w_i = 1$，$c_h = (c_{t_h}, c_{sph}, c_{e_h}, c_{sah})$ 为方案 x_h 关于属性集 F 的属性值。令叉车运行速度为 v_1，集装箱卡车运行速度为 v_2，a 为当日仓租费，t_h 为方案 x_h 所使用的仓库房间数，$C_{sph} = at_h$。令 b 为当日燃油价格，则 $c_{e_h} = b \sum_{j=1}^{n} l(C_i, p_j)$，其中，$e_h$ 为方案 x_h 叉车数目，n' 为危险品仓库的门数，且有

$$c_{t_h} = e_h^{-1} \left(v_1^{-1} \sum_{i=1}^{n} l(C, p_i) + v_2^{-1} \sum_{i=1}^{n'-1} l(C_j, C_{j+1}) \right)$$

易知，叉车运行路径之间的相似度为

$$c_{sah} = 1 - \frac{abs \left(l(C, p_i) - l(C, p_j) \right)}{\max \left\{ l(C, p_i), l(C, p_j) \right\}}$$

需要说明的是，集卡的移动时间受叉车数量的影响。为方便起见，本书在 c_{t_h} 中将该影响按线性函数处理。在具体的应用中，我们可以根据实际情况调整该函数。

2. 未给定优选指标权重时的隔离门使用模型

当决策者对决策问题缺乏结构性认识，未给定决策指标的权重信息时，本书认为权重向量 $W=(w_1,w_2,w_3,w_4)$ 是四维超立方体 $V=[0,1]\times[0,1]\times[0,1]\times[0,1]$ 上的随机元素。这里需要指出的是，V 中分量之和不为 1 的元素可作归一化处理，认为其等价于某个分量之和为 1 的元素。然后，本书借鉴群决策理论，基于 TOPSIS-超立方体分割方法对方案进行综合排序。TOPSIS-超立方体分割方法的思路如下。首先，定义给定仓储方案在各指标下的负理想值；其次，利用 TOPSIS-超立方体分割方法得到权重向量集合；再次，计算各方案与负理想值的加权距离值，并通过比较各距离值得到每一个权重向量对应的最优存储方案；最后，统计支持每一个方案的权重向量数，并根据向量数的多少对给定的仓储方案排序，即可获得权重向量未知的情况下互通危险品仓库最优使用方案。需要指出的是，本节使用 TOPSIS 数据的原因是将超立方体分割方法与经典 TOPSIS 方法对比。在上述思路指导下，具体的危险品仓储方案优选步骤如下。

步骤 2.23：根据决策者的具体要求将每个 $w_i=[0,1](i=1,2,3,4)\,t$ 等分，进而各分割点组成集合 $\left\{0,\dfrac{1}{t},\dfrac{2}{t},\cdots,1\right\}$，并且得到 V 上 t^4 个点向量 $\left(w_{1t_k},w_{2t_k},w_{3t_k},w_{4t_k}\right)$，其中，$k=1,2,\cdots,t$，记这些点向量的集合为 P，P 上各分量之和不为 1 的元素做归一化处理，我们对其不做分别。

步骤 2.24：由于仓租费和油价的不稳定性，故空间成本和经济成本具有不确定性，因此令空间成本和经济成本的调整因子为 ω_1、ω_2，记 m 为仓储作业可行方案数，通过实际调研得到决策矩阵 C 为

$$C_{m\times4}=\begin{bmatrix} c_{t1} & c_{sp1}(\omega_1) & c_{e1}(\omega_2) & c_{sa1} \\ c_{t2} & c_{sp2}(\omega_1) & c_{e2}(\omega_2) & c_{sa2} \\ \vdots & \vdots & \vdots & \vdots \\ c_{tm} & c_{spm}(\omega_1) & c_{em}(\omega_2) & c_{sam} \end{bmatrix}$$

步骤 2.25：计算仓储方案集的负理想点为

$$C_{\max}=\left(\max_{i=1}^{m}C_{ti},\max_{i=1}^{m}C_{spi},\max_{i=1}^{m}C_{ei},\max_{i=1}^{m}C_{sai}\right) \tag{2.13}$$

并计算各决策方案与负理想点的距离为

$$D_i=\left(d_{ij}\right)_{j=1,2,3,4}=\left(\frac{\max\limits_{i=1}^{m}C_{ti}-C_{ti}}{\max\limits_{i=1}^{m}C_{ti}},\frac{\max\limits_{i=1}^{m}C_{spi}-C_{spi}}{\max\limits_{i=1}^{m}C_{spi}},\frac{\max\limits_{i=1}^{m}C_{ei}-C_{ei}}{\max\limits_{i=1}^{m}C_{ei}},\frac{\max\limits_{i=1}^{m}C_{sai}-C_{sai}}{\max\limits_{i=1}^{m}C_{sai}}\right)$$

$$\tag{2.14}$$

步骤 2.26：令 $\omega_1=\omega_2=1$，针对每一个由超立方体分割得到的权重，计算每个方案对应的

$$C_{ik} = \sum_{i=1}^{4}\left(w_{1t_k}c_{i1} + w_{2t_k}c_{i2} + w_{3t_k}c_{i3} + w_{4t_k}c_{i4} \right)$$

得到不同权重向量下的综合属性相对距离值。然后统计满足其为最优方案的权重向量的数目。按照对比结果，对方案集 $X=(x_1,x_2,\cdots,x_m)$ 进行排序，确定最优方案。

步骤 2.27：分别对调整因子 ω_1、ω_2 进行灵敏度分析。给定 ω_1、ω_2 的调整区间，针对每个方案，得到不同权重向量下的综合属性相对距离值，进而得到不同调整因子下相对距离值的变化趋势。

步骤 2.28：将得到的决策结果与常规 TOPSIS 决策方法比较，进一步说明超立方体分割方法的有效性。

3. 给定属性权重时的隔离门使用模型

在给定优选指标的权重信息时，由于调整因子的不确定性，故同一属性在同一方案下有不同的值。我们使用带参数的犹豫综合属性距离集算法对方案集进行排序，具体步骤如下。

步骤 2.29：考虑到油价和仓租费的不稳定性，使得同一属性在同一方案下有不同的值，因此本节借鉴犹豫模糊集的定义，在给定的调整区间内，得到的犹豫决策集为

$$C_{m\times4} = \begin{bmatrix} c_{t1} & \{c_{sp11},c_{sp12},\cdots,c_{sp1n_{12}}\} & \{c_{e11},c_{e12},\cdots,c_{e1n_{13}}\} & c_{sa1} \\ c_{t2} & \{c_{sp21},c_{sp22},\cdots,c_{sp2n_{22}}\} & \{c_{e21},c_{e22},\cdots,c_{emn_{23}}\} & c_{sa2} \\ \vdots & \vdots & \vdots & \vdots \\ c_{tm} & \{c_{spm1},c_{spm2},\cdots,c_{spmn_{m2}}\} & \{c_{em1},c_{em2},\cdots,c_{emn_{m3}}\} & c_{sam} \end{bmatrix}$$

步骤 2.30：求解犹豫决策集中的负理想点

$$C_{\max} = \left(\max_{i=1}^{m} c_{ti}, \max_{i=1}^{m}(c_{spi1},c_{spi2},\cdots,c_{spin_{i2}}), \max_{i=1}^{m}(c_{ei1},c_{ei2},\cdots,c_{ein_{i3}}), \max_{i=1}^{m} c_{sai} \right) \quad (2.15)$$

并计算各决策方案与负理想点的距离，得到相对距离矩阵为

$$D_{m\times4} = \begin{bmatrix} d_{t1} & \{d_{sp11},d_{sp12},\cdots,d_{sp1n_{12}}\} & \{d_{e11},d_{e12},\cdots,d_{e1n_{13}}\} & d_{sa1} \\ d_{t2} & \{d_{sp21},d_{sp22},\cdots,d_{sp2n_{22}}\} & \{d_{e21},d_{e22},\cdots,d_{e2n_{23}}\} & d_{sa2} \\ \vdots & \vdots & \vdots & \vdots \\ d_{tm} & \{d_{spm1},d_{spm2},\cdots,d_{spmn_{m2}}\} & \{d_{em1},d_{em2},\cdots,d_{emn_{m3}}\} & d_{sam} \end{bmatrix} \quad (2.16)$$

步骤 2.31: 令 $D_1 = \{d_{11}, d_{12}, \cdots, d_{1m}\}, D_2 = \{d_{21}, d_{22}, \cdots, d_{2n}\}$ 是两个犹豫距离集，定义

$$C_{D_1 > D_2} = \{\langle d_{1s}, d_{2t}\rangle \mid d_{1s} - d_{2t} > 0, s = 1, 2, \cdots, m, t = 1, 2, \cdots, n\}$$
$$C_{D_1 < D_2} = \{\langle d_{1s}, d_{2t}\rangle \mid d_{1s} - d_{2t} < 0, s = 1, 2, \cdots, m, t = 1, 2, \cdots, n\}$$

其中，$L\left(C_{D_1 > D_2}\right)$ 和 $L\left(C_{D_1 < D_2}\right)$ 分别为集合 $C_{D_1 > D_2}$、$C_{D_1 < D_2}$ 的基数。根据犹豫距离集的比较方法得 $P_{D_1 > D_2} = \dfrac{l(D_1 > D_2)}{mn}$ ，$P_{D_1 < D_2} = \dfrac{l(D_1 < D_2)}{mn}$ ，$P_{D_1 = D_2} = \dfrac{mn - l(D_1 > D_2) - l(D_1 < D_2)}{mn}$ 。通过比较 $P_{D_1 > D_2}$、$P_{D_1 < D_2}$ 及 $P_{D_1 = D_2}$，对犹豫相对距离集进行排序，进而得到最优方案。

步骤 2.32: 使用平均值的方法求解犹豫决策集。按照 $d'_{spi} = \sum_{j=1}^{n} d_{spij}\left(l\left(d_{spij}\right)\right)^{-1}$ 计算各属性集的平均综合属性值，其中，$l\left(c_{tij}\right)$ 为该属性集的基数，从而得到决策矩阵

$$d'_{4 \times 4} = \begin{bmatrix} d'_{t1} & d'_{sp1} & d'_{e1} & d'_{sa1} \\ d'_{t2} & d'_{sp2} & d'_{e2} & d'_{sa2} \\ \vdots & \vdots & \vdots & \vdots \\ d'_{tm} & d'_{spm} & d'_{em} & d'_{sam} \end{bmatrix}$$

计算 $d_i = \sum_{i=1}^{4}\left(w_1 d'_{ti} + w_2 d'_{spi} + w_3 d'_{ei} + w_4 d'_{sai}\right)$，$j = 1, 2, 3, 4$，对综合属性值按从大到小的顺序进行排序，从而得到最优方案。

4. 实例分析

本节通过实际数据，对新提出的仓库方案优选模型进行实例验证。假定某物流公司需要 34 个危险品仓库货位，且出入库作业时需要人工在现场包装或捆扎。在互通危险品仓库条件下，共有四种互通危险品仓库使用方案可存储该笔危险品，详情见表 2.1。另外，四个方案对应的具体示意图如图 2.15 所示（其中常规双门仓库根据上海某危险品仓库绘制）。危险品出入库要求在一个房间内同一时间仅有一辆叉车作业，因此给定 $e_1 = 1$，$e_2 = 2$，$e_3 = 2$，$e_4 = 3$。另外，在仓库外部始终有一辆叉车等待入库。由实际调研得到上海 0# 柴油的价格为 6.88 元/升，而且柴油价格和国际油价接轨随时在变动，本节按照每千米 0.68 元计算。调研得知每个房间每天的费用是 420 元，当每个房间平均 10 个货位，则每个货位每天费用 42 元，如果平均 12 个货位，则每个货位每天费用 35 元。记叉车运行速度和集卡运行速

度分别为 v_1 等于 5 千米／小时，v_2 等于 15 千米／小时。记常规双门仓库的宽度为 16 米，长度为 17.5 米，仓库门的宽度为 4 米，集装箱卡车之间的距离为 12 米，集卡到仓库的距离为 2 米，由于常规双门仓库内只允许一辆叉车作业，故叉车路径之间的相似度为 0，故 $c_{sa1}=1$，得到决策矩阵 $C_{4\times4}$ 为

$$C_{4\times4} = \begin{pmatrix} 0.176\,2 & 1\,260 & 0.593\,64 & 1 \\ 0.136\,2 & 1\,680 & 0.919\,5 & 0.578\,5 \\ 0.099\,7 & 1\,680 & 0.672\,3 & 0.618\,8 \\ 0.096\,7 & 1\,680 & 0.979\,8 & 0.618\,8 \end{pmatrix}$$

试在上述条件下给出最优的危险品存储方案。

表 2.1 方案设计

候选方案	方案设计	总货位/个	剩余货位/个
方案 1	三个常规双门仓库	36	2
方案 2	两个四门互通危险品仓库	40	6
方案 3	六门互通危险品仓库+常规双门仓库	40	6
方案 4	八门互通危险品仓库	36	2

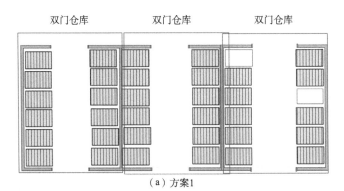

（a）方案1

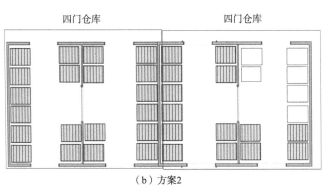

（b）方案2

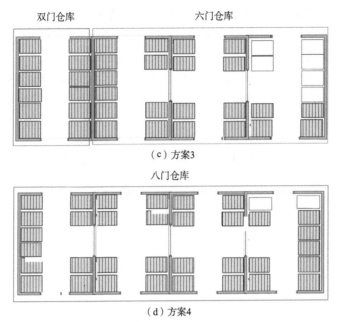

（c）方案3

（d）方案4

图 2.15　四种危险品存储方案

场景 1　属性权重给定的情况

首先，由式（2.13）得到各方案的负理想点为 $C_{max} = (0.1762, 0.1680, 0.9798, 1)$。经计算得到各决策方案与负理想点的距离为

$$D = \begin{pmatrix} 0 & 0.25 & 0.3941 & 0 \\ 0.2270 & 0 & 0.0615 & 0.4215 \\ 0.4342 & 0 & 0.3138 & 0.3812 \\ 0.4512 & 0 & 0 & 0.3812 \end{pmatrix}$$

通过比较四种方案下的相对距离值可得，四种方案的综合距离值均分布在 $[0, 1.2]$ 内，比较支持各方案最优的权重向量的个数，得到方案 3 是最优方案。

另外，使用常规 TOPSIS 多属性决策方法得到权重向量为

$$(w_1, w_2, w_3, w_4) = (0.288, 0.144, 0.280, 0.288)$$

该权重向量条件下各方案的综合属性值向量为

$$(z_1, z_2, z_3, z_4) = (686.4, 705.2, 637.1, 722.3)$$

比较各方案的综合属性值，得到方案 3 是最优方案，这与本节提出的方法相符。

场景 2　属性权重没有给定的情况

假定在某经济环境下，仓库对四个方案优选指标给定的权重向量为（0.2，0.3，0.4，0.1）。由于调整因子的不确定性，我们使用带参数的犹豫综合属性距离集算

法对方案集进行排序。考虑到房间成本费和油价的不稳定性，使得同一属性在同一方案下有不同的值，因此给定每个房间成本为（400，410，420，430，440），油价取值（4.8，5.4，6.0，6.6，7.2），得到的犹豫决策集为

$$
C'_{4\times4}=\begin{pmatrix} 0.176 & \{120\,0,123\,0,126\,0,129\,0,132\,0\} & \{0.474,0.534,0.594,0.653,0.712\} & 1 \\ 0.136 & \{160\,0,164\,0,168\,0,172\,0,176\,0\} & \{0.736,0.828,0.919,1.012,1.103\} & 0.578\,5 \\ 0.099 & \{160\,0,164\,0,168\,0,172\,0,176\,0\} & \{0.538,0.605,0.672,0.739,0.807\} & 0.618\,8 \\ 0.096 & \{160\,0,164\,0,168\,0,172\,0,176\,0\} & \{0.784,0.882,0.979,1.077,1.743\} & 0.618\,8 \end{pmatrix}
$$

首先，求解犹豫决策集中的负理想点。计算各决策方案与负理想点的距离，得到相对距离矩阵为

$$
D'_{4\times4}=\begin{pmatrix} 0 & \{0.25,0.25,0.25,\\ 0.25,0.25\} & \{0.395,0.394,0.0615,0.394,0.59113\} & 0 \\ 0.227\,0 & \{0,0,0,0,0\} & \{0.061\,5,0.061\,4,0.061\,5,0.061\,5,0.367\} & 0.421\,5 \\ 0.434\,2 & \{0,0,0,0,0\} & \{0.313\,9,0.313\,8,0.313\,8,0.313\,8,0.537\} & 0.381\,2 \\ 0.451\,2 & \{0,0,0,0,0\} & \{0,0,0,0,0\} & 0.381\,2 \end{pmatrix}
$$

对 $(D_2,D_4),(D_2,D_3),(D_1,D_3)$ 之间进行比较，得到 $P_{D_3>D_1}=1$，$P_{D_3>D_4}=1$，$P_{D_4<D_1}=0.8$，$P_{D_4>D_2}=0.8$。因此，对这四个方案的综合距离进行排序得 $D_3>D_1>D_4>D_2$。

其次，我们与距离平均值法进行比较，进一步说明该方法的有效性。计算 $C'_{4\times4}$ 中第二列和第三列每一个集合中各元素的平均值，得到

$$
D^{'}_{4\times4}=\begin{pmatrix} 0 & 0.333\,0 & 0.367\,1 & 0 \\ 0.227\,0 & 0 & 0.122\,6 & 0.421\,5 \\ 0.434\,2 & 0 & 0.358\,5 & 0.381\,2 \\ 0.451\,2 & 0 & 0 & 0.381\,2 \end{pmatrix}
$$

由步骤 2.32 得到综合距离向量为 $d=(0.246\,7,0.136\,6,0.268\,36,0.128\,4)$，因此对这四个方案的综合距离进行排序为 $D_3>D_1>D_4>D_2$。上述决策结果与利用犹豫距离集方法得到的结果相同，但使用平均值方法会丢失大量决策信息，不能对各属性中的每个方案进行综合考虑。

通过实例，我们得到的结论如下。第一，我们给出的互通危险品仓库隔离门的使用决策框架，以及隔离门使用的多指标决策模型是有效的；第二，针对未给定指标权重决策环境下的隔离门使用决策模型，并给出了一种基于超立方体分割与 TOPSIS 理论结合的多属性决策方法；第三，针对给定指标权重的互通危险品仓库隔离门使用模型，并基于犹豫距离的概念给出了一种带参数的隔离门使用决策模型；第四，我们利用敏感性分析的知识对影响隔离门使用方案选择的指标进行了研究，分析了各指标对隔离门使用决策的影响。概括来讲，该算例的计算结果

表明了模型的有效性和可行性。

2.4　本 章 小 结

为了向客户提供更多的仓储方案，本章从危险品仓库的几何结构入手，提出了四门及互通危险品仓库的概念，并利用最优化理论研究了两类新型危险品仓库的可行性。

通过 2.1 节的研究，我们主要得到如下三点认识。第一，提出了四门危险品仓库的概念，为危险品仓库的几何设计提供了一种新的、特色鲜明的选择方案，为仓库设计增加了选项；第二，给出了一种二次指派问题的实例，丰富了最优化问题的案例库；第三，将一类粒子群算法推广到离散优化领域，提出了一种改进了的遗传-离散粒子群算法。

通过 2.2 节的研究，我们主要得到以下两点认识。第一，互通危险品平仓仓库能有效提高危险品仓库出入库效率，减少物流成本。第二，该节将提出的遗传-BP 神经网络算法与常规 BP 神经网络算法进行了比较，验证了新提出遗传-BP 神经网络算法的有效性。

通过 2.3 节的研究，我们主要得到如下两点认识。第一，我们将互通危险品仓库的合理使用提炼为一种多指标下的决策问题。通过科学的决策以及正确使用互通危险品仓库，我们能有效提高危险品的出入库效率。第二，该节从理论上提出了两种危险品仓库隔离门使用模型，并通过实例与常规决策模型进行了比较，说明新提出方法的有效性。

概括地讲，本章给出了互通危险品仓库的设计，并通过启发式算法验证了新提出危险品仓库的有效性，为危险品仓库的几何结构改造开辟了道路，为危险品仓库的智能化建设打下了基础。

第3章 互通危险品平仓仓库分阶段
作业及作业链研究

为了对互通危险品仓库的运营提供智力支持，本章提炼了影响危险品出入库作业的主要因素，分别从仓储过程管理、仓储安全及仓储作业效率优化三个角度研究了危险品出入库作业问题。本章按照危险品仓储作业自动化水平从低到高的顺序开展研究。首先，重点考虑危险品仓储作业的不确定性因素，从管理的角度研究危险品仓储作业，提出了危险品出入库活动的三阶段瀑布机制，并给出了一种三阶段出入库作业管理模型。其次，考虑了危险品仓储作业链的特点，提出了危险品叉车运输的安全度概念，并根据叉车作业的综合成本来确定危险品出入库作业时最优的仓储作业链。最后，围绕危险品仓储作业效率最优化的目标，建立了确定叉车运行线路的三次指派模型，并利用神经网络给出了三次指派模型的求解方法。对于创新过程而言，本章是将结构设计与最优化理论有机结合起来，从而形成更多的叉车运行方案，进而增加叉车出入库作业的线路选择权，得到最优的叉车作业线路。本章各节主要内容如下。

3.1 节提炼出了影响互通危险品仓库出入库作业的三个因素，即叉车运行的距离（成本因素）、叉车运行距离间的相似度（效率因素），以及仓库货位之间的距离（安全因素）。进一步地，为在保证安全的前提下提高危险品平仓仓库系统作业效率，该节提出了一种出入库作业的瀑布机制，将影响危险品出入库的影响因素有机集成起来，并以三个集卡（两个入库集卡，一个出库集卡）、双叉车、八门仓库同时出入库为例，给出了一种实现出入库作业瀑布机制的三阶段模型。

3.2 节从系统控制的角度研究危险品仓储作业效率最优化问题。本节综合考虑了互通危险品仓库中叉车运行的安全度、运行效率及其产生的经济成本，并且以带有隔离门的互通危险品仓库为研究背景，提出确定叉车运行线路的三次指派模型，并通过改进的神经网络算法求解叉车的最优作业线路，提高危险品出入库效率。

3.3 节从整体上研究了互通危险品仓库的作业问题，并提出了仓储作业链的概念。具体地，本节在保证危险品仓库安全的前提下，统筹兼顾危险品出入库作业的效率、成本等因素，进而以两辆叉车同时进行出入库作业为样本，以遍历计算和新提出的安全度计算公式、调度方案评价模型为工具，从仓储作业链的角度，研究了互通包装危险品平仓仓库的叉车调度问题。

3.4 节为本章小结。

3.1　互通危险品平仓仓库的瀑布作业机制及实现方法

3.1.1　研究问题的提出

仓库是物流系统当中非常重要的一部分，仓库的运作效率直接决定物流系统总体效率。在整个仓库系统中，如何让叉车行车路径更加合理是亟须解决的问题，尤其对于危险品仓库来说。在调研中，我们发现在很多仓库里，作业人员还是在依靠经验去指挥仓库里叉车的运作，由此导致叉车相撞、堵车、"走冤枉路"的事情时常发生，进而影响到仓储的安全、效率和成本。另外，由于危险品仓库的特殊性，其应具备更加严苛的要求。基于此，本节利用优化算法为叉车规划行车路径，以减少危险品出入库作业中的不确定性。

目前中国现有的危险品仓库多为双门仓库，尽管双门仓库在空间利用率方面具有突出的优点，但在运营效率上则存在短板。在危险品流量较大时，现有的双门仓库其空间结构所决定的作业模式难以高效地运转，导致当日或者规定时间内不能清库，最终引起货物在仓库积压。在实践基础上，人们提出了互通仓库的概念，互通仓库可以实现危险品的同时出入库，但由于缺乏算法的支撑，一直无法落地实现。由于叉车可以穿梭在所有房间里作业，互通仓库具有运营效率高的特点，然而由于道路对空间的挤占，其空间利用率方面会有不足。由于危险品仓储行业的封闭性，对于危险品仓库的改造，一直属于技术洼地。首先，考虑到危险品仓库对安全有极高的要求，企业对于危险品仓库的改造比较保守，担心新技术的不确定性会引起安全问题；其次，危险品仓库出于安全考虑，往往会对研究人员的研究和技术革新提出壁垒要求，且技术人员进入危险品仓库调研的成本往往很高。上述两个因素导致危险品仓库的改造一直属于难以发掘的领域。为了让互通仓库真正获得企业认可，必须在确保原有安全、效率和成本这三个重要的指标的基础上，对其中至少一个进行改进，即帕累托改进。我们提出的互通危险品仓库出入库作业瀑布机制及三阶段实现模型就是为了实现这种帕累托改进。具体来讲，本节的研究目标是在不降低出入库作业安全水平和不提高出入库作业成本的前提下提高危险品的出入库效率。

为了实现上述研究目标，本节重点关注了粒子群算法[103~106]、瀑布作业机制[107~110]、叉车路径优化[111, 112]、危险品运输与仓储[113, 114]、仓储风险评估[115~119]等方面的最新研究成果。在广泛参考相关文献及征询仓库管理人员意见的基础上，本节提出了互通仓库条件下叉车线路三阶段优化模型。以两入库集卡和单出库集卡同时作业为例，第一阶段，我们为服务不同入库集卡的叉车分配入库作业货位，将所有货位的集合分为两个子集；第二阶段，建立入库货位和出库货位的匹配，然后建立不同入库子集间货位的匹配；第三阶段，根据货位情况为叉车安排作业顺序。三个阶段是前后相承的瀑布机制，最终实现为每辆叉车安排最优的路径选择的目标。本节的技术路线图见图 3.1。接下来，我们将具体介绍危险品仓库出入库作业瀑布机制。

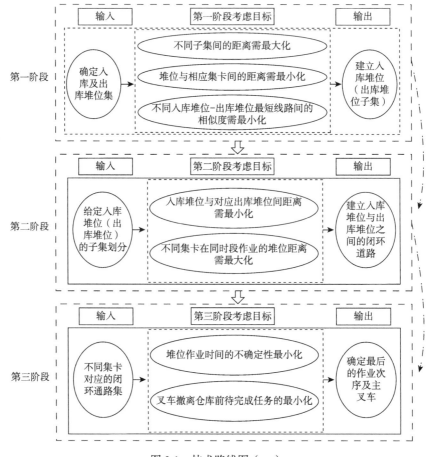

图 3.1　技术路线图（一）

3.1.2 互通危险品仓库出入库作业的三阶段瀑布机制

1. 危险品出入库作业目标

对于危险品出入库作业来说，安全是首位的。在此基础上，效率和成本控制也是我们考虑的重要对象。基于此，我们提出以下三种主要的方法来确保安全、提高效率及降低成本。具体地讲，危险品出入库的具体目标如下。第一，不同叉车作业区域应该尽量远。如此叉车相遇的概率大大降低，提高危险品出入库的安全性。第二，不同叉车路径相似度尽量小。路径相似度尽量小，指路径需要尽可能长短不一。如果两辆叉车相似度小，则路径长的叉车有较大的回旋空间，通过速度调节，以实现与路径短的叉车不在同一时间出现在同一房间，避免安全事故。同时又可确保两辆叉车可以同时完成各自的整个闭环通路，使效率最大化。第三，所有货位距离相应集卡的距离要尽可能小。这样，可以节省叉车在运作过程中的耗油量，降低仓库运营的成本。

2. 出入库作业的瀑布机制

为了实现上述三个目标，本节借鉴生物凝血模型，建立了一种实现危险品出入库作业的瀑布机制。瀑布机制，其本质就是将一项活动中前后相关的因素、参数提炼出来，并形成一种前后顺承的模型。基于上述模型，危险品出入库作业可按照瀑布机制分三个前后顺承的阶段来实现。具体地，在阶段 1，我们为服务不同集卡的叉车分配出库或入库作业货位，将所有货位的集合分为两个子集。分类后得到的子集间元素应尽可能远；所有货位距离相应集卡的距离之和尽可能小；同一货位集与相应集卡的距离形成距离集，则两个距离集的相似度应该尽可能小。在阶段 2，首先建立入库货位和出库货位的匹配，匹配标准是让所有入库货位和出库货位的距离和最短，以实现叉车运行线路的最短。其次建立不同入库子集间货位的匹配，以实现双叉车的同时高效率作业。货位——匹配的原则是两个叉车闭环通路的距离的相似度尽可能小。在阶段 3，从两辆集卡中选择一个为主集卡，另一个为辅集卡，以主集卡对应叉车的运行效率为指标，按照作业顺序，将两类货位子集分为不同的部分，并授权管理人员参考作业进度，现场调整各部分的作业顺序。

3.1.3 互通危险品仓库出入库作业的三阶段实现模型

1. 基本参数介绍

本节考虑到影响危险品出入库作业的三个主要因素，提出了互通危险品仓库出入库作业三阶段模型。为了研究内容的一般性，该模型以三个集卡（两个入库集卡，一个出库集卡）、双叉车、八门仓库同时出入库为例。记同时入库作业的两辆集卡为 T_1 和 T_2，记出库集卡为 T_3，记为 T_1 和 T_3 服务的叉车为 F_1，记为 T_2 和 T_3 服务的叉车为 F_2。记所有等待入库货位的集合为 $P_0 = \{p_1, p_2, \cdots, p_{M_0}\}$，记所有等待出库的货位的集合为 $Q_0 = \{q_1, q_2, \cdots, q_{N_0}\}$。接下来，本节进一步解释该模型的假设条件，以及如何通过瀑布机制的三个阶段求出最优的货位匹配，最终达到为每辆叉车规划合理的行车路径的目标。提高出入库作业的自动化和智能化，减少人为安排可能造成的不合理性。

2. 出入库作业实现模型

本节以三个集卡（两个入库集卡，一个出库集卡）、双叉车、八门仓库同时出入库为例介绍危险品出入库三阶段模型。首先，将仓库分为入库区和出库区两大部分。每辆叉车分别服务一辆对应的入库集卡，且共同服务唯一的一辆出库集卡。最初，叉车将货物从入库集卡上取下来，并放在入库区的某个入库货位上。完成作业后，将其中需要放到出库区的部分运送至出库区的某个出库货位。其次，将其中需要放到出库集卡上的部分运送至出库集卡上。最后，回到入库集卡，此为一个闭环通路。每个叉车通过有限个闭环通路，将所有对应入库集卡上需要卸下的货物全部卸下，并放在入库区、出库区或出库集卡上，并回到起点。我们要研究的就是如何为每辆叉车选择一个最优的路径，即先到哪个入库货位再到哪个出库货位，以及不同叉车间闭环通路的搭配。为了解决这个问题，本节提出了分为三个阶段的瀑布机制。接下来，本节将给出实现三阶段瀑布机制的模型。

阶段 1：为服务不同集卡的叉车分配出库或入库作业货位，将所有货位的集合分为两个子集。具体而言，本阶段需要为 T_1 和 T_2 分别确定入库货位，并由 F_1 和 F_2 完成入库。记 T_1 和 T_2 需要入库危险品份数分别为 M_1 和 M_2，且 $M_1 + M_2 \leqslant M_0$。记集卡 T_1 和 T_2 对应的入库货位集合分别为 $P_1 = \{p_{11}, p_{12}, \cdots, p_{1N_1}\}$ 和 $P_2 = \{p_{21}, p_{22}, \cdots, p_{2N_2}\}$。任取 $p_{1i} \in P_1, p_{2j} \in P_2$，其中，$i \in \{1, 2, \cdots, N_1\}, j \in \{1, 2, \cdots, N_2\}$。为降低当叉车 T_1 和 T_2 作业时的互相影响，为叉车提供安全的作业环境，$d(p_{1i}, p_{2j})$ 需尽可能大；为了使叉车运行保持较低的成本，$d(p_{1i}, T_1) + d(p_{2j}, T_2)$ 应尽可能小；为了给 F_1 和 F_2 协调作业的空间，$d(p_{1i}, T_1)$ 与 $d(p_{2j}, T_2)$ 的相似度应尽可能小。为此建立最优化模型

$$\min v = \sum_{t=1}^{M_2}\sum_{s=1}^{M_1} x_{ij} \times \left(\begin{array}{l} -w_1 \times \dfrac{d\left(p_{1i},p_{2j}\right)}{\max\limits_{\substack{1\leqslant s\leqslant N_1 \\ 1\leqslant t\leqslant N_2}} d\left(p_{1i},p_{2j}\right)} + w_2 \times \dfrac{\left(d\left(p_{1i},T_1\right)+d\left(p_{2j},T_2\right)\right)}{\max\limits_{\substack{1\leqslant s\leqslant N_1 \\ 1\leqslant t\leqslant N_2}}\left(d\left(p_{1i},T_1\right)+d\left(p_{2j},T_2\right)\right)} + \cdots, \\[2em] +w_3 \times \left(1 - \dfrac{abs\left(d\left(p_{1i},T_1\right)-d\left(p_{2j},T_2\right)\right)}{\max\left(d\left(p_{1i},T_1\right)d\left(p_{1j},T_2\right)\right)}\right) \end{array} \right)$$

$$\text{s.t.} \quad \sum_{i=1}^{M_1} x_{ij}=1, \sum_{j=1}^{M_2} x_{ij}=1,\; x_{ij}\in\{0,1\}, w_1,w_2,w_3\in[0,1], w_1+w_2+w_3=1$$

$$(3.1)$$

阶段 2：建立 P_1 和 P_2 元素间的匹配。任取 $p_{1i}\in P_1$，在本阶段将从 P_2 中寻找合适的入库货位与 p_{1i} 匹配。记得到的匹配结果为 $p_{2j}\in P_2$，则安排 F_1 和 F_2 分别对 p_{1i} 与 p_{2j} 同时进行入库作业。为了实现危险品的同时出入库，记与 p_{1i} 对应的出库货位为 q_{1s}，记与 p_{2j} 对应的出库货位为 q_{2t}，为了实现叉车运行线路的最短，$d\left(p_{1i},q_{1s}\right)+d\left(p_{2j},q_{2t}\right)$ 需尽可能小。记

$$d_{1is} = d\left(T_1,p_{1i}\right)+d\left(p_{1i},q_{1s}\right)+d\left(q_{1s},T_3\right), \quad d_{2jt}=d\left(T_2,p_{2j}\right)+d\left(p_{2j},q_{2t}\right)+d\left(q_{2t},T_3\right)$$

为了给 F_1 和 F_2 协调作业的空间，d_{1is} 与 d_{2jt} 的相似度应尽可能小。据此，建立最优化模型

$$\min v =$$

$$\sum_{s=1}^{N_0}\sum_{j=1}^{M_2}\sum_{i=1}^{M_1}\left(w_1 \times \dfrac{x_{1is}\times d\left(p_{1i},q_s\right)+x_{2js}\times d\left(p_{2j},q_s\right)}{\max\left(\max\limits_{\substack{1\leqslant i\leqslant M_1\\1\leqslant s\leqslant N_0}} d\left(p_{1i},q_s\right),\max\limits_{\substack{1\leqslant j\leqslant M_2\\1\leqslant s\leqslant N_0}} d\left(p_{2j},q_s\right)\right)} + x_{1is}\times x_{2js}\times w_2 \times \left(1-\dfrac{abs\left(d_{1is}-d_{2js}\right)}{\max\limits_{\substack{1\leqslant i\leqslant M_1\\1\leqslant j\leqslant M_2\\1\leqslant s\leqslant N_0}}\left(d_{1is},d_{2js}\right)}\right)\right)$$

$$\text{s.t.} \quad \sum_{s=1}^{N_0} x_{1is}=1, \sum_{s=1}^{N_0} x_{2js}=1, \sum_{j=1}^{M_2}\sum_{i=1}^{M_1}\left(x_{1is}+x_{2js}\right)=1,\; x_{1is}\in\{0,1\}, x_{2js}\in\{0,1\}, w_1 w_2, w_3\in[0,1], w_1+w_2=1$$

$$(3.2)$$

求解模型（3.2），并记求得的匹配为

$$v_1 = \begin{pmatrix} p_{11} & p_{12} & \cdots & p_{1M_1} \\ q_{11} & q_{12} & \cdots & q_{1M_1} \end{pmatrix}, \quad v_2 = \begin{pmatrix} p_{21} & p_{22} & \cdots & p_{2M_1} \\ q_{21} & q_{22} & \cdots & q_{2M_2} \end{pmatrix}, \quad v_3 = \begin{pmatrix} p_{31} & p_{32} & \cdots & p_{3M_1} \\ p_{3j_1} & p_{3j_2} & \cdots & p_{3j_{M_3}} \end{pmatrix}$$

阶段 3：分别计算

$$d_1' = \sum_{i=1}^{M_1}\left(d\left(T_1,p_{1i}\right)+d\left(p_{1i},q_{1i}\right)+d\left(q_{1i},T_3\right)+d\left(T_1,T_3\right)\right)$$

$$d_2' = \sum_{j=1}^{M_2}\left(d\left(T_2,p_{2j}\right)+d\left(p_{2j},q_{2j}\right)+d\left(q_{2j},T_3\right)+d\left(T_1,T_3\right)\right)$$

并比较 d_1' 与 d_2' 的大小。记 $d_\alpha = \max\left(d_1', d_2'\right)$，记与 d_α 对应的入库集卡为 T_α，记另一辆入库集卡为 T_β。因 T_α 任务较重，记 T_α 为主集卡，令 T_β 为辅集卡。根据仓库货位情况为 T_α 安排作业顺序 $l_\alpha : p_{\alpha,\alpha_1} \rightarrow p_{\alpha,\alpha_2} \rightarrow, \cdots, \rightarrow p_{\alpha,\alpha_{N_1}}$，根据模型（3.2）所得到的 v_3 为集卡 T_β 安排作业顺序 $l_\beta : p_{\beta\alpha_1} \rightarrow p_{\beta\alpha_2} \rightarrow, \cdots, \rightarrow p_{\beta\alpha_{N_1}}$。因为作业时间的不可控，当 F_2 无法与 F_1 保持一致时，按照 v_3 调整 l_β 的作业顺序，确保双叉车作业的顺利进行。

3. 研究工具——粒子群算法

易知上述阶段 1 所要解决的是经典的指派问题，可利用遍历可行解算法解决。阶段 3 所要解决的是初等数学问题，也较容易解决。只有阶段 2 所要解决的是一类特殊的二次指派问题，当入库货位和出库货位数较多的时候需要利用启发式算法解决。为了说明该模型可解，本节选用一种比较新的启发式算法——离散粒子群算法求解模型（3.2）。粒子群算法是在 1995 年由 Eberhart 博士和 Kennedy 博士一起提出的，它的核心思想是利用群体中的个体对信息的共享使得整个群体的运动在问题求解空间中产生从无序到有序的演化过程，从而获得问题的最优解。针对本节中的模型，每一个 (v_1, v_2, v_3) 的匹配就是一个粒子，而最优解就是使目标函数取到最小值的匹配。所有的粒子都具有一个位置向量（粒子在解空间的位置）和速度向量（决定下次飞行的方向和速度），并可以根据目标函数来计算当前所在位置的适应度值。在每次的迭代中，种群中的粒子除了根据自身的"经验"（历史位置）进行学习以外，还可以根据种群中最优粒子的"经验"来学习，从而确定下一次迭代时需要如何调整和改变飞行的方向和速度。就这样逐步迭代，最终整个种群的粒子就会逐步趋于最优解。粒子群算法的速度迭代公式和向量迭代公式分别记为

$$V_i = wV_i + c_1 r_1 \left(P_{\text{best}, i} - X_i\right) + c_2 r_2 \left(G_{\text{best}} - X_i\right) \tag{3.3}$$

$$X_i = X_i + V_i \tag{3.4}$$

其中，$V_i = (v_{i1}, v_{i2}, \cdots, v_{in})$ 代表粒子 i 的速度向量（n 为优化问题的维度大小）；$X_i = (x_{i1}, x_{i2}, \cdots, x_{in})$ 代表粒子 i 的位置向量；$P_{\text{best},i}$ 和 G_{best} 分别代表粒子 i 的历史最佳位置向量和种群历史最佳位置向量；参数 w 代表粒子群算法的惯性权重，它的取值介于[0，1]，一般应用中均采取自适应的取值方法，即一开始令 $w = 0.9$，使得粒子群算法全局优化能力较强，随着迭代的深入，参数 w 进行递减，粒子群算法的局部优化能力越来越强，当迭代结束时，$w = 0.1$。参数 c_1 和 c_2 代表学习因子，一般设置为 1.496 1，而 r_1 和 r_2 代表介于 0 与 1 之间的随机概率值。

以粒子群算法工具，求解模型（3.2）的算法运行框架如下。

步骤 3.1：进行随机初始化或者根据被优化的问题设计特定的初始化方法，计算个体的适应值，从而选择出个体的局部最优位置向量 $P_{\text{best},i}$ 和种群的全局最优位置向量 G_{best}。

步骤 3.2：设置迭代次数 $g_{\max}$，并记当前迭代次数为 $g=1$。

步骤 3.3：根据式（3.3）更新每个个体的速度向量。

步骤 3.4：根据式（3.4）更新每个个体的位置向量。

步骤 3.5：更新每个个体的 $P_{\text{best},i}$ 和种群的 G_{best}。

步骤 3.6：判断迭代次数是否都达到 $g_{\max}$，如果满足，输出 G_{best}。否则跳转至步骤 3.3。针对本节中的问题，X_i 位于由四类货架所有可能的排列构造的空间中，算法迭代的目标就是找到使得式（3.2）取得最优解的货位排列。

3.1.4　四个房间的互通危险品仓库叉车线路优化算例

1. 算例介绍

假设有一个八门互通危险品仓库，如图 3.2 所示。假设 T_1 和 T_2 为入库集卡，T_3 为出库集卡。有两辆叉车分别为 $\{T_1,\ T_3\}$ 和 $\{T_2,\ T_3\}$ 服务，并分别记为 F_1 和 F_2。假设 T_1 需要入库 10 个货位的危险品，T_2 需要入库 8 个货位的危险品，T_3 需要出库 18 个货位的危险品。入库点和出库点的分配情况见图 3.2。假设货位的面积为 5×10 米^2，纵向过道宽 10 米，横向通道宽 10 米。接下来，本节将给出仓储作业的优化方案。为便于计算，将仓库中货位布设位置映射至空间中，用坐标位置来指代货架的位置，详情见图 3.3。图 3.3 中浅色为 F_1，深色为 F_2。图中每个色块都被分配一个坐标，从左上角起，对于位于第 m 行第 n 列（m 与 n 均从 0 开始计数）的点，其坐标为 $(m,\ n)$。为方便计算，假设 T_1 位于（5，1）处，T_2 位于（5，10）处，T_3 位于（5，4）处。图中位于行 1、行 2 之间的水平线分割了出库区和入库区，水平线下方为入库区，上方为出库区。据此得到 p_1 数量为 10，p_2 数量为 8，q_1 数量为 10，q_2 数量为 8。

2. 模型求解过程

根据上述的货位布置，构造粒子的解空间，分别考虑到 p_1、p_2、q_1、q_2，对它们进行排列，得到全部可能的排列。其中使得目标函数取得最优值的排列就是要得到的结果。考虑到阶段 1 是一个指派问题，使用传统的规划方法即可求解。在阶段 2 中，随机初始化 50 个粒子，每个粒子包括四个属性，分别代表四种货位组

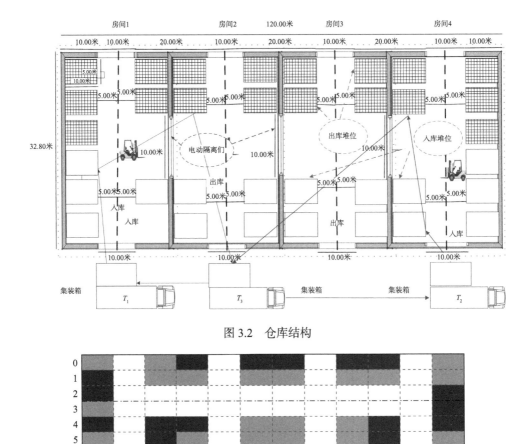

图 3.2　仓库结构

图 3.3　仓库布置示意图

合在空间中的位置。以式（3.2）作为粒子的适应函数，将上述解空间作为粒子群所在的空间输入粒子群算法进行求解，在上述步骤结束后即可得到阶段 2 的结果。算法中的最大迭代次数设为 100，个体学习因子和社会学习因子分别取 1.494 45 和 0.5，惯性权重为 1。在阶段 3 中使用类似的方式，重新构造所有可能排序的解空间，使用同样的参数初始化粒子群，迭代得到最终的排列，由于解空间包括了叉车所有可能的排列，故得到的最优结果就是最优的叉车排列。图 3.4 是一次典型迭代过程中的适应度函数值曲线，从图中可以看出，在第 30 轮左右的迭代后算法已经取得最优解，并且算法的收敛速度较快，说明使用粒子群算法寻找最优的货位排列具备可行性。

　　根据算法的结果，反推货位的匹配，由于货位数量不相等，匹配结果中各个类型的货位数量并不一定一致，故结果中的（−1，−1）代表对应叉车的等待时间，

计算得到 v_1, v_2, v_3 分别为

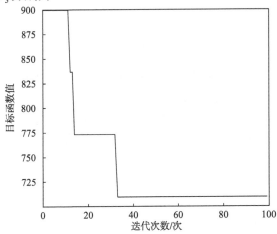

图 3.4 适应度函数值曲线

$$v_1 = \begin{pmatrix} (5,11) & (5,6) & (4,5) & (3,0) & (4,6) & (5,3) & (5,0) & (5,5) & (4,8) & (5,8) \\ (1,9) & (0,11) & (1,6) & (1,3) & (1,2) & (1,5) & (0,2) & (0,0) & (1,8) & (1,11) \end{pmatrix}$$

$$v_2 = \begin{pmatrix} (5,9) & (4,3) & (4,2) & (3,11) & (4,0) & (4,11) & (4,9) & (5,2) \\ (2,11) & (0,5) & (2,0) & (0,6) & (1,0) & (0,9) & (0,8) & (0,3) \end{pmatrix}$$

$$v_3 = \begin{pmatrix} (5,11) & (5,6) & (4,5) & (3,0) & (4,6) & (5,3) & (5,0) & (5,5) & (4,8) & (5,8) \\ (5,9) & (4,3) & (4,2) & (3,11) & (4,0) & (4,11) & (4,9) & (5,2) & (-1,-1) & (-1,-1) \end{pmatrix}$$

此时总运行距离 L 等于 720 米。为验证算法的稳定性，我们使用相同的参数进行 50 次迭代，将每次的结果绘制在图 3.5 中，从图中可以看出，针对上面中的例子，算法计算结果集中在 700~800 中，平均值为 748.4，仅有少量结果远离这一区间。

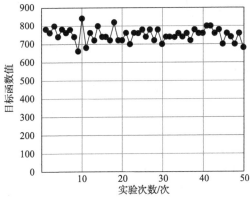

图 3.5 五十次迭代结果分布

3. 结论分析

通过上述算例可以看出，本节给出的出入库瀑布作业机制及三阶段算法是可行的。该三阶段模型将影响出入库作业的因素有机整合起来，并通过为入库点分组，匹配分别属于不同集卡的货位点，进而确定主集卡和辅集卡，实现了对危险品同时出入库作业的叉车线路规划。该规划的最大特点是人为因素较少，规划过程相对客观公正。另外，在求解模型（3.2）的时候，不同的仓库管理人员可以根据自身的软硬件情况选择合适的启发式算法。本节给出的粒子群算法只是说明了三阶段模型的可行性。

通过实例，我们进一步验证了本小节的创新点。首先，本节将出入库作业时叉车的线路规划问题归结为三阶段模型，将影响出入库作业的因素有机整合起来，提炼出了出入库作业的规律。其次，为了使多集装箱卡车顺利实现同时出入库，本节提出主集装箱卡车和辅集装箱卡车的概念，深化对出入库作业的认识，保证出入库作业的高效率。最后，在三阶段模型中，本节将影响出入库作业的时间因素、效率、安全因素赋予权重向量。在不同的危险品出入库环境下，仓库管理人员可以根据自身情况调整上述权重。权重向量的存在保证了模型在不同环境下的适用性。另外，本节提出的模型也可以应用到单入库集卡和双出库集卡同时作业的实践环境，由于思路类似，本节不再做详细阐述。

3.2 互通危险品平仓仓库仓储作业的三次指派模型及实现方法

3.2.1 研究问题的提出

在广泛调研的基础上，本书第 2 章提出了互通危险品仓库的概念，并进行了一系列研究。3.1 节研究了影响危险品出入库的主要因素，即安全度、运行效率、经济成本等。在此基础上，本节将进一步运用上述三个因素，深化对危险品出入库活动的研究，量化不同因素对危险品出入库活动的影响。为做好本项研究，本节重点关注了危险品仓库管理和运输[120~123]、二次指派问题[124~126]、神经网络[127~134]等方面的最新研究成果。借鉴现有研究成果，本节以常规双门危险品仓库的各项参数为基准，以互通仓库为研究环境，以出入库作业的安全度高、效率高及产生的经济成本低为优化目标，构建叉车运行线路的三次指派问题，并通过一种改进的 BP 神经网络算法求解。本节的技术路线图见图 3.6，本节的布局如下。

3.2.2 节提出影响危险品出入库作业的三个关键指标；3.2.3 节以互通仓库为背景，建立叉车出入库作业线路规划的三次指派模型；3.2.4 节将带自适应动量因子 BP 神经网络算法与特定随机次序学习算法结合，提出了一种改进的 BP 神经算法并给出了相应的弱、强收敛性证明；3.2.5 节结合上海某互通仓库数据，实证叉车运行线路规划的三次指派模型，并分析改进的 BP 神经网络算法在解决此类优化问题中的特点与优势，另外通过与常规 BP 神经网络算法的对比，进一步说明本节提出改进的 BP 神经网络算法的有效性与可行性。

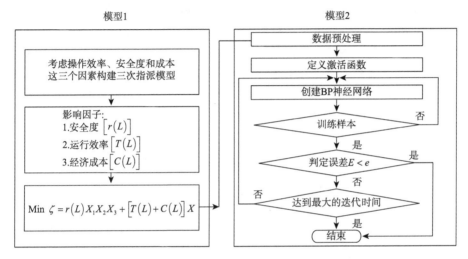

图 3.6　技术路线图（二）

3.2.2　影响危险品出入库作业的三个关键指标

本节通过具体分析危险品出入库作业过程和叉车运行的特点，提出了影响危险品出入库的三个关键指标。实地调研发现，互通仓库所有的出入库任务都由叉车来完成，因此叉车的运作效率制约着整个仓库的工作效率。同时，叉车执行出库任务时去的过程是空载，执行入库任务时来的过程也是空载，为了缩短叉车运行的无效路程，可使叉车交替进行出入库作业。当两个集装箱卡车同时进行出库与入库危险品作业，且出入库活动时效性较强时，我们安排多辆叉车进行出入库作业，且在仓库外部始终有一辆叉车等待入库。此外，互通仓库的布局和线路宽度虽然可以保证两个叉车在同向或相向运行阶段的正常行驶，但安全起见，本节在调研的基础上提出在同一时间，在同一双门规制的仓库内，仅允许有一辆叉车作业的要求。因此叉车每次入库作业的运行线路应尽可能多样化，以使得线路间相似度系数较小，供现场管理人员灵活选择。当路径长度足够多样化时，现场管理人员可以根据各工序进展情况灵活调整对各堆点的作业顺序，使得管理更加协调，工序更加顺畅，进而为出入库作业提供充分的安全保障。因此线路之间的相似度越低，危险品出入库的安全度就越高。

在危险品出入库过程中搬运活动反复进行，且每次搬运都要花费很长时间，因此危险品搬运的耗时往往成为决定出入库效率的关键。在给定叉车速度的前提下，通过计算叉车运行时间可得到危险品搬运活动的时间成本。时间成本越高，危险品出入库的效率越低。此外，叉车运行产生的经济成本也是影响危险品出入库的一个重要因素。通过计算叉车运行路径总距离，乘以当前油价可得到危险品出入库产生的经济成本。叉车运行距离越长，产生的经济成本越高。因此我们需要选择适当的线路，使叉车运行总距离最短，从而使得出入库作业时间最短，进而提高叉车运行效率，减少叉车运行成本。因此本节以叉车运行线路的相似度、运行产生的时间成本和经济成本这三个关键指标来进一步优化危险品出入库效率，并构建叉车作业线路的三次指派模型。

3.2.3 叉车出入库作业线路规划的三次指派模型

1. 基本参数介绍

本节以优化叉车运行路线为研究点，提炼叉车在八门互通仓库条件下的线路优化模型。为了研究内容的一般性，本节只考虑出库点大于入库点、出库点小于或等于入库点的情况可以做类似处理。记 C_1 和 C_3 为入库集装箱， C_2 和 C_4 为出库集装箱。假设 C_1 和 C_3 对应 m 个入库点，记为 $p_1, p_2, \cdots, p_m$ ， C_2 和 C_4 对应 n 个出库点，记为 $q_1, q_2, \cdots, q_n$ ，记 $M = \{1, 2, \cdots, m\}$ ， $N = \{1, 2, \cdots, n\}$ ，其中 m 小于 n 。因此整个危险品出入库作业过程中共有 m 条出入库路径，以及除去匹配 m 个出库点之后的 $n-m$ 条出库路径。

对任意的 $i \in M$ ， $j \in N$ ，假定叉车先从 $C_s (s \in \{1,3\})$ 出发，经路径 l_{C_s, p_i} 将 C_s 的危险品送抵给定的 $p_i (i \in M)$ ，随后经路径 l_{p_i, q_j} 在 $q_j (j \in N)$ 处取运往 $C_t (t \in \{2,4\})$ 的危险品，继而经路径 l_{q_j, C_t} 将危险品运抵 C_t ，并经路径 l_{C_t, C_s} 空驶返回 C_s ，记这样的出入库往返路线为 S_{p_i, q_j} 。假定叉车从 $C_t (t = 2,4)$ 出发，沿路线 l_{C_t, q_j} 到达出库点 q_j ，在 q_j 处取运往 C_t 的危险品，经路径 l_{q_j, C_t} 将危险品送至 C_t ，记该路径为 S_{C_t, q_j} 。设 $l_{p_{i1}, q_{j1}}$ 、 $l_{p_{i2}, q_{j2}}$ 、 $l_{p_{i3}, q_{j3}}$ 是三辆同时运行的叉车的路径，则路径之间的相似度 r 的计算公式为

$$r = 1 - \frac{\left| \left(l_{p_{i1},q_{j1}} - l_{p_{i2},q_{j2}} \right) \left(l_{p_{i2},q_{j2}} - l_{p_{i3},q_{j3}} \right) \left(d_{p_{i3},q_{j3}} - l_{p_{i1},q_{j1}} \right) \right|}{l_{p_{i1},q_{j1}} l_{p_{i2},q_{j2}} l_{p_{i3},q_{j3}}}$$

给定叉车速度，通过计算叉车的运行时间来量化叉车的运行效率。记 T 为出入库作业的总时间成本，e 为使用的叉车数目，L 为叉车运行路径总长度，C_r 为危险品出入库作业的每小时固定成本，那么总时间成本 T 的计算方式为 $T(L) = C_r e^{-1} v_1^{-1} L$。此外，可通过计算仓库内叉车运行路径总长度，乘以当前油价得到叉车运行的经济成本。记 C 为叉车运行产生的直接经济成本，b 为当日燃油价格，那么 $C(L) = bL$。

2. 叉车运行线路规划的三次指派模型

为降低算法复杂性，本节仅建立入库节点与出库节点之间的匹配，为叉车的运行提供闭环路径集合。互通仓库由多个双门规制的仓库组成，我们需要让闭环路径总距离的相似度尽可能地小，以使得现场管理人员可以灵活调动多辆叉车进行出入库作业。在此基础上，以叉车运行线路之间的低相似度、高效率和低经济成本为优化目标，构建互通仓库多叉车同时出入库作业线路优化模型。

步骤 3.7：将原始的入库点到出库点之间的距离按照模型（2.1）进行标准化。

步骤 3.8：从标准化之后的入库点与出库点中选取 $l'_{p_{i_1},q_{j_1}}$、$l'_{p_{i_2},q_{j_2}}$、$l'_{p_{i_3},q_{j_3}}$，计算三者之间的相似度 r。

步骤 3.9：以相似度 r、时间成本 T 及经济成本 C 最低为优化目标，构建三次指派模型

$$\begin{cases} \min \gamma = \sum\limits_{i_1,i_2,i_3=1}^{m} \sum\limits_{j_1,j_2,j_3=1}^{n} \left[x_{i_1 j_1} x_{i_2 j_2} x_{i_3 j_3} r\left(l'_{p_{i_1},q_{j_1}}, l'_{p_{i_2},q_{j_2}}, l'_{p_{i_3},q_{j_3}} \right) \right] + \sum\limits_{i_s=1}^{m} \sum\limits_{j_t=1}^{n} x_{i_s j_t} \left(T(L') + C(L') \right) \\ \qquad + \sum\limits_{i_1,i_2,i_3=2,4}^{n-m} \sum\limits_{j_1,j_2,j_3=1} \left[x_{C_{i_1 j_1}} x_{C_{i_2 j_2}} x_{C_{i_3 j_3}} r\left(l'_{p_{i_1},q_{j_1}}, l'_{p_{i_2},q_{j_2}}, l'_{p_{i_3},q_{j_3}} \right) \right] + \sum\limits_{i_s=2,4}^{n-m} \sum\limits_{j_t=1}^{n} x_{C_{i_s j_t}} \left(T(L') + C(L') \right) \\ \text{s.t.} \quad \sum\limits_{i_s=1}^{m} x_{i_s j_t} = 1, \sum\limits_{j_t=1}^{n} x_{i_s j_t} = 1, x_{i_1 j_1} \in \{0,1\}, x_{i_2 j_2} \in \{0,1\}, x_{i_3 j_3} \in \{0,1\}, x_{C_i j_t} \in \{0,1\} \end{cases}$$

$$（3.5）$$

其中，$\sum\limits_{i_1,i_2,i_3}^{m} \sum\limits_{j_1,j_2,j_3}^{n} \left[x_{i_1 j_1} x_{i_2 j_2} x_{i_3 j_3} r\left(l'_{p_{i_1},q_{j_1}}、 l'_{p_{i_2},q_{j_2}}、 l'_{p_{i_3},q_{j_3}} \right) \right]$ 表示 m 个入库点与 n 个出库点所组成的闭环路径之间的相似度；$\sum\limits_{i_s=1}^{m} \sum\limits_{j_t=1}^{n} x_{i_s j_t} T(L')$ 表示出入库作业需要的总时间成本；$\sum\limits_{i_s=1}^{m} \sum\limits_{j_t=1}^{n} x_{i_s j_t} C(T')$ 表示出入库作业产生的总经济成本。

近年来，神经网络算法广泛应用于故障检测、模式识别等领域。标准的 BP

神经网络算法是基于梯度下降法，通过计算目标函数对网络权值的梯度进行修正的。该算法虽然为训练网络提供了简单而有效的方法，但由于在训练过程中学习率为一个较小的常数，故存在收敛速度慢和局部极小问题。为寻求加速收敛的方法，本节将带自适应动量因子的 BP 神经网络算法与特定随机次序学习算法结合，对标准神经网络算法进行改进，即在每一个训练循环中采取无放回策略从样本集中随机选取样本，并在加入一个训练样本之后立刻更新权值，且在调整权值的过程中加入自适应动量因子。在误差曲面的平坦部分，增大动量因子，可使权值更新向量获得较大的冲量，有助于权值逃离误差曲面的平坦区域，从而加速算法收敛。在误差曲面的陡峭部分，减小动量因子，减缓算法的不稳定性。误差曲面的陡缓程度可以用误差关于权值向量的梯度范数来表示。当梯度范数较大时，误差变化较快，误差曲面较陡；当梯度范数较小时，误差变化较慢，误差曲面较平坦。因此可根据误差关于权值向量的梯度的大小自适应调节动量因子，具体步骤如下。

步骤 3.10：对数据样本进行预处理，标准化出入库点之间的距离。

步骤 3.11：根据处理后的数据范围，本节选取 tansig 作为激活函数。

步骤 3.12：将 BP 神经网络算法的权值和阈值连接起来，形成一个三层神经网络结构。

步骤 3.13：提供一组样本数据给 BP 神经网络算法的输入层，训练 BP 神经网络算法并计算神经网络输出误差。

步骤 3.14：判断是否训练完所有的样本，若不满足则选取下一个学习样本提供给网络，返回到步骤 3.13，若满足则转至步骤 3.15。

步骤 3.15：按照误差公式计算总误差，判断网络的总误差是否满足 $E < e$ ，若满足则结束训练，若不满足则转向步骤 3.16。

步骤 3.16：判断网络是否达到预定训练次数，若满足则结束训练，若不满足则返回到步骤 3.13 继续训练。

本节将进一步深入讨论待改进的神经网络算法的收敛性，并在此理论基础上，结合上海某调研数据，求解叉车运行线路的三次指派模型，得到叉车运行的最优解。

3.2.4　改进的 BP 神经网络算法及其对三次指派模型的求解

1. 符号说明

本节我们研究了改进的 BP 神经网络算法的收敛性质，考虑一个三层 BP 神经网络，输入层、隐含层和输出层节点数分别为 p、n、1。假定训练样本集为

$\left\{X_j, O_j\right\}_{j=0}^{J-1} \subset R^p \times R$，$X_j$、$O_j$ 分别为第 j 个样本的输入和理想输出。令 $v = \left(v_{ij}\right)_{n \times p}$ 为连接输入层和隐含层的权值矩阵，记 $v_i = \left(v_{i1}, v_{i2}, \cdots, v_{ip}\right)^T (i = 1, 2, \cdots, n)$。连接隐含层和输出层的权值向量记为 $u = \left(u_1, u_2, \cdots, u_n\right)^T \in R^n$。记 $W = \left(u^T, v_1^T, \cdots, v_n^T\right)^T \in R^{n(p+1)}$ 为 v 和 u 的合并矩阵。令函数 $g, f : R \to R$ 分别为隐含层和输出层的激活函数，向量值函数为

$$G(Z) = \left[g(z_1), g(z_2), \cdots, g(z_n)\right]^T, \forall z \in R^n \tag{3.6}$$

对任意给定的输入 X，隐含层输出为 $G(vX)$，进而最终的实际输出为 $y = f\left(u \times G(vX)\right)$。对任意固定的权值 W，神经网络的误差函数定义为

$$E(W) = \frac{1}{2} \sum_{j=0}^{J-1} \left(O_j - f\left(u \times G(vX_j)\right)\right)^2 = \sum_{j=0}^{J-1} f_j \left[u \times G(vX_j)\right] \tag{3.7}$$

其中，$f_j(t) = \frac{1}{2}\left(O_j - f(t)\right)^2, j = 0, 1, \cdots, J-1$。误差函数分别关于 u 和 v_i 的梯度公式如下：

$$\begin{aligned} E_u(W) &= -\sum_{j=0}^{J-1} \left(O_j - y_j\right) f'\left[u \times G(vX_j)\right] G(vX_j) \\ &= \sum_{j=0}^{J-1} f_j'\left[u \times G(vX_j)\right] G(vX_j) \end{aligned} \tag{3.8}$$

$$\begin{aligned} E_{v_i}(W) &= -\sum_{j=0}^{J-1} \left(O_j - y_j\right) f'\left[u \times G(vX_j)\right] u_i g'\left(v_i X_j\right) X_j \\ &= \sum_{j=0}^{J-1} f_j'\left[u \times G(vX_j)\right] u_i g'\left(v_i X_j\right) X_j \end{aligned} \tag{3.9}$$

记 $E_v(W) = \left(E_{v_1}(W)^T, E_{v_2}(W)^T, \cdots, E_{v_n}(W)^T\right)^T$；$E_W(W) = \left[E_u(W)^T, E_v(W)^T\right]^T$，进而在训练过程中的每一次循环中，我们均重新随机给定样本次序。在第 m 个训练循环中，令 $\left\{X_{m,1}, X_{m,2}, \cdots, X_{m,J}\right\}$ 为输入向量 $\left\{X_1, X_2, \cdots, X_J\right\}$ 的随机排列，网络权值更新为

$$u_{mJ+j+1} = u_{mJ+j} - \eta_m \nabla_j^m u_{mJ+j} + e^{-\lambda - \left\|\nabla_0^m u_{mJ+j}\right\|} \mu_m \left(u_{mJ+j} - u_{mJ+j-1}\right), \quad j = 0, 1, 2, \cdots, J-1 \tag{3.10}$$

$$v_{i,mJ+j+1} = v_{i,mJ+j} - \eta_m \nabla_j^m u_{i,mJ+j} + e^{-\lambda - \left\|\nabla_0^m v_{i,mJ+j}\right\|} \mu_m \left(v_{i,mJ+j} - v_{i,mJ+j-1}\right), \quad j = 0, 1, 2, \cdots, J-1 \tag{3.11}$$

其中，η_m 表示学习率参数；$e^{-\lambda - \left\|\nabla_0^m u_{mJ+j}\right\|} \mu_m$ 表示网络权值 u 的自适应动量因子；

$\mathrm{e}^{-\lambda-\left\|\nabla_0^m v_{i,mJ+j}\right\|}\mu_m$ 表示网络权值 v 的自适应动量因子，λ 为正常数，用以控制动量因子的大小。自适应动量因子介于 0 和 1 之间，且随着误差关于权值向量的梯度范数的变化而变化。另外，这里采用重赋零策略处理训练过程中的动量项因子，即在每一个迭代循环开始时令动量项因子为零。$\nabla_j^k u_{mJ+j}$ 和 $\nabla_j^m v_{i,mJ+j}$ 表示在第 m 个训练循环中误差函数关于 u 和 v 的梯度，

$$
\begin{aligned}
\nabla_k^m u_{mJ+j} &= \left(O_k - y_{mJ+j,m,k}\right) f'\left(u_{mJ+j} \times G_{mJ+j,m,k}\right) G_{mJ+j,m,k} \\
&= -f_k'\left(u_{mJ+j} \times G_{mJ+j,m,k}\right) G_{mJ+j,m,k}
\end{aligned}
\tag{3.12}
$$

$$
\begin{aligned}
\nabla_k^m v_{i,mJ+j} &= \left(O_k - y_{mJ+j,m,k}\right) f'\left(u_{mJ+j} \times G_{mJ+j,m,k}\right) u_{i,mJ+j} g'\left(V_{i,mJ+j} X_{m,k}\right) X_{m,k} \\
&= -f_k'\left(u_{mJ+j} \times G_{mJ+j,m,k}\right) u_{i,mJ+j} g'\left(V_{i,mJ+j} X_{m,k}\right) X_{m,k}
\end{aligned}
\tag{3.13}
$$

其中，$G_{mJ+j,m,k} = G\left(v_{mJ+j} X_{m,k}\right)$，$y_{mJ+j,m,k} = f\left(u_{mJ+j} G_{mJ+j,m,k}\right)$，$m \in N$；$i = 1,2,\cdots,n$；$j,k = 0,1,2,\cdots,J-1$。

2. 主要结论

给定任一向量 $X = (x_1,x_2,\cdots,x_n)^{\mathrm{T}} \in R^n$，定义其欧氏范数为 $\|X\| = \sqrt{\sum_{i=1}^n x_i^2}$。定义误差函数的稳定点集为 $\Omega_0 = \left\{W \in \Omega : E_W(W) = 0\right\}$，其中，$\Omega \subset R^{n(p+1)}$ 是满足下述条件（假设4）的有界区域。令 $\Omega_{0,s} \subset R$ 是 Ω_0 在第 s 个坐标轴上的投影，即

$$
\Omega_{0,s} = \left\{W_s \in R : W = \left(W_1,W_2,\cdots,W_s,\cdots,W_{n(p+1)},\right)^{\mathrm{T}} \in \Omega_0\right\}
\tag{3.14}
$$

为分析算法的收敛性，做如下假设

假设 3.1：导函数 $g'(t)$ 和 $f'(t)$ 满足局部 Lipschitz 连续；

假设 3.2：学习率满足条件 $\eta_m > 0, \sum_{m=0}^{\infty} \eta_m = \infty, \sum_{m=0}^{\infty} \eta_m^2 < \infty$；

假设 3.3：动量项系数满足 $\mu_m \geqslant 0$，$\sum_{m=0}^{\infty}\left(\mathrm{e}^{-\lambda-\left\|\nabla_0^m u_{mJ+j}\right\|}\mu_m\right)^2 < \infty$，$\sum_{m=0}^{\infty}\left(\mathrm{e}^{-\lambda-\left\|\nabla_0^m v_{i,mJ+j}\right\|}\mu_m\right)^2 < \infty$；

假设 3.4：存在有界区域 $\Omega \subset R^n$ 使得 $\{W_m\}_{m=0}^{\infty} \subset \Omega$ 成立；

假设 3.5：$\Omega_{0,s}$ 不包含内点，其中，$s = 1,2,\cdots,n(p+1)$。

在五项假设的基础上，本书给出如下两条定理。

定理 3.1：假定条件假设 3.1~假设 3.4 成立，任意给定初始权值 W_0，权值序列

由式（3.6）和式（3.7）迭代生成，则有 $\lim\limits_{m\to\infty}\left\|E_W(W_m)\right\|=0$ 。

定理 3.2：若假设 3.1~假设 3.5 成立，则有强收敛性结论成立，即存在 $W^*\in\Omega_0$ ，使得 $\lim\limits_{m\to\infty}W_m=W^*$ 。

3.2.5　四个房间条件下双出库双入库集装箱仓储作业算例

1. 算例介绍

本节以上海某危险品仓库的数据为样本，使用改进的 BP 神经网络算法求解叉车运行线路的三次指派问题。记 C_1 和 C_3 为入库集装箱，集装箱 C_2 和 C_4 为出库集装箱。假设 C_1 和 C_3 有 14 个入库点， C_2 和 C_4 对应 16 个出库点。因此该作业过程中共有 14 条出入库往返路径和 2 条出库往返路径，仓库作业如图 3.7 所示。对上海某危险品仓库实际调研得到仓库的宽度为 17.5 米，长度为 64 米，仓库门的宽度为 4 米，集装箱卡车之间的距离为 12 米，集卡到仓库的距离为 2 米。在上述条件下，使用改进的 BP 神经网络算法求解叉车运行的最优线路。

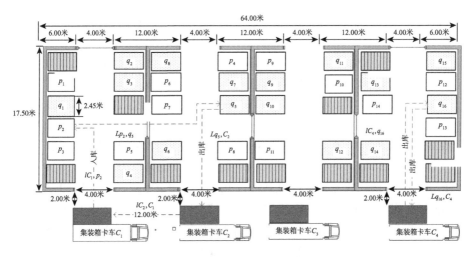

图 3.7　货位布局及叉车运行路线图

2. 模型求解

以上海某常规危险品仓库的数据为样本，计算八门互通仓库中各入库点到出库点之间闭环路径的距离 d_{ij} ， $i\in\{1,2,\cdots,13\}$ ， $j\in\{1,2,\cdots,16\}$ 。将上述数据整理成矩阵的形式，得到出入库点对的距离矩阵 D ，矩阵中的行对应入库点，列对应出库点。为了简化算法的计算，将原始的出入库点对之间的距离按照式（3.1）进行

标准化，得到标准化距离矩阵 D' ，其中

$$
D' = \begin{matrix}
0.130\,3 & 0.187\,2 & 0.130\,3 & 0.249\,8 & 0.282\,8 & 0.282\,8 & 0.316\,9 & 0.347\,7 \\
0.097\,9 & 0.187\,2 & 0.130\,3 & 0.217\,4 & 0.250\,4 & 0.250\,4 & 0.284\,5 & 0.316\,9 \\
0.097\,9 & 0.187\,2 & 0.130\,3 & 0.184\,9 & 0.217\,9 & 0.217\,9 & 0.252\,1 & 0.284\,5 \\
0.621\,6 & 0.590\,9 & 0.605\,4 & 0.804\,8 & 0.621\,6 & 0.190\,6 & 0.190\,6 & 0.190\,6 \\
0.097\,9 & 0.187\,2 & 0.130\,3 & 0.184\,9 & 0.217\,9 & 0.217\,9 & 0.252\,1 & 0.284\,5 \\
0.589\,2 & 0.558\,5 & 0.589\,2 & 0.772\,4 & 0.130\,3 & 0.158\,2 & 0.130\,3 & 0.190\,6 \\
0.556\,8 & 0.526\,0 & 0.556\,8 & 0.740\,0 & 0.097\,9 & 0.125\,7 & 0.130\,3 & 0.190\,6 \\
0.556\,8 & 0.526\,0 & 0.556\,8 & 0.740\,0 & 0.097\,9 & 0.125\,7 & 0.130\,3 & 0.190\,6 \\
0.446\,4 & 0.413\,9 & 0.413\,9 & 0.446\,4 & 0.065\,4 & 0.065\,4 & 0.097\,9 & 0.032\,7 \\
0.413\,9 & 0.381\,5 & 0.381\,5 & 0.413\,9 & 0.033\,0 & 0.033\,0 & 0.033\,0 & 0.000\,3 \\
0.316\,6 & 0.284\,2 & 0.284\,2 & 0.316\,6 & 0.000\,0 & 0.000\,6 & 0.033\,0 & 0.000\,3 \\
0.816\,8 & 0.786\,1 & 0.816\,8 & 1.000\,0 & 0.357\,9 & 0.385\,8 & 0.357\,9 & 0.414\,8 \\
0.751\,9 & 0.721\,2 & 0.751\,9 & 0.935\,1 & 0.293\,0 & 0.322\,6 & 0.293\,0 & 0.349\,9 \\
0.782\,6 & 0.753\,6 & 0.784\,4 & 0.967\,6 & 0.325\,5 & 0.353\,3 & 0.325\,5 & 0.382\,4 \\
0.542\,8 & 0.510\,4 & 0.575\,2 & 0.542\,8 & 0.770\,4 & 0.770\,4 & 0.802\,8 & 0.738\,0 \\
0.510\,4 & 0.478\,0 & 0.542\,8 & 0.510\,4 & 0.772\,1 & 0.738\,0 & 0.770\,4 & 0.705\,5 \\
0.472\,3 & 0.439\,8 & 0.510\,4 & 0.472\,3 & 0.772\,1 & 0.738\,0 & 0.770\,4 & 0.705\,5 \\
0.446\,4 & 0.413\,9 & 0.478\,8 & 0.413\,9 & 0.446\,4 & 0.413\,9 & 0.478\,8 & 0.413\,9 \\
0.472\,3 & 0.439\,8 & 0.510\,4 & 0.472\,3 & 0.772\,1 & 0.738\,0 & 0.770\,4 & 0.705\,5 \\
0.413\,9 & 0.381\,5 & 0.446\,4 & 0.381\,5 & 0.410\,0 & 0.381\,5 & 0.446\,4 & 0.381\,5 \\
0.381\,5 & 0.349\,1 & 0.413\,9 & 0.349\,1 & 0.377\,5 & 0.349\,1 & 0.413\,9 & 0.349\,1 \\
0.381\,5 & 0.349\,1 & 0.413\,9 & 0.349\,1 & 0.377\,5 & 0.349\,1 & 0.413\,9 & 0.349\,1 \\
0.190\,6 & 0.190\,6 & 0.190\,6 & 0.223\,0 & 0.236\,1 & 0.203\,7 & 0.268\,6 & 0.203\,7 \\
0.130\,3 & 0.158\,2 & 0.190\,6 & 0.190\,6 & 0.203\,7 & 0.171\,3 & 0.236\,1 & 0.171\,3 \\
0.097\,9 & 0.125\,7 & 0.190\,6 & 0.158\,2 & 0.171\,3 & 0.138\,8 & 0.203\,7 & 0.137\,1 \\
0.558\,5 & 0.589\,2 & 0.558\,5 & 0.158\,2 & 0.130\,3 & 0.190\,6 & 0.130\,3 & 0.190\,6 \\
0.493\,6 & 0.524\,3 & 0.491\,2 & 0.093\,3 & 0.065\,4 & 0.125\,7 & 0.065\,4 & 0.125\,7 \\
0.526\,0 & 0.556\,8 & 0.526\,0 & 0.125\,7 & 0.097\,9 & 0.158\,2 & 0.097\,9 & 0.158\,2
\end{matrix}
$$

因此叉车运行线路之间相似度为

$$
r' = 1 - \frac{\left| \left(d'_{p_{i_1},q_{i_1}} - d'_{p_{i_2},q_{i_2}} \right) \left(d'_{p_{i_2},q_{i_2}} - d'_{p_{i_3},q_{i_3}} \right) \left(d'_{p_{i_3},q_{i_3}} - d'_{p_{i_1},q_{i_1}} \right) \right|}{d'_{p_{i_1},q_{i_1}} d'_{p_{i_2},q_{i_2}} d'_{p_{i_3},q_{i_3}}} \tag{3.15}
$$

在危险品出入库过程中给定叉车数量 $e = 3$ ，且在仓库外部始终有一辆叉车等待入库。由实际调研得出入库过程中每小时固定成本为 $C_r = 1\,000$ ，叉车运行速度

为 $v=5$ 千米/小时。可得叉车运行产生的时间成本为 $T(L')=22.2L'$；由实际调研得到上海 0# 柴油的价格为 6.88 元/升，而且柴油价格和国际油价接轨随时在变动，本节按照每千米油价为 0.68 元计算，由 $C(L')=bL'$ 得叉车运行产生的经济成本 $C(L')=0.68L'$，据此建立叉车运行线路的三次指派模型为

$$
\begin{cases}
\min \gamma = \displaystyle\sum_{i_1,i_2,i_3=1}^{14}\sum_{j_1,j_2,j_3=1}^{16}\left[x_{i_1 j_1}x_{i_2 j_2}x_{i_3 j_3}r^*\left(d'_{p_{l_1},q_{l_1}},d'_{p_{l_2},q_{l_2}},d'_{p_{l_3},q_{l_3}}\right)\right]+\sum_{i_s=1}^{14}\sum_{j_t=1}^{16}x_{i_s j_t}\left(22.9d'_{i_s,j_t}+1.6\right)\\
\qquad +\displaystyle\sum_{i_1,i_2,i_3=2,4}\sum_{j_1,j_2,j_3=1}^{2}\left[x_{C_{i_1}j_1}x_{C_{i_2}j_2}x_{C_{i_3}j_3}r^*\left(d'_{p_{l_1},q_{l_1}},d'_{p_{l_2},q_{l_2}},d'_{p_{l_3},q_{l_3}}\right)\right]+\sum_{i_s=2,4}\sum_{j_t=1}^{2}x_{C_{i_s}j_t}\left(22.9d'_{i_s,j_t}+1.6\right)\\
\text{s.t.}\quad \displaystyle\sum_{i_s=1}^{14}x_{i_s j_t}=1,\sum_{j_t=1}^{16}x_{i_s j_t}=1,x_{i_1 j_1}\in\{0,1\},x_{i_2 j_2}\in\{0,1\},x_{i_3 j_3}\in\{0,1\},x_{C_{i_s}j_t}\in\{0,1\}
\end{cases}
$$

$$（3.16）$$

采用改进的 BP 神经网络算法求解上述模型，将 1~13 号入库点到所对应的出库点之间的距离作为训练样本；所对应的每一行中的最小值构成的集合作为训练输出；将所有入库点到出库点所对应的距离作为测试样本。选择网络结构为单输出单隐层的 BP 神经网络，令 $p=2$，$n=2$，BP 神经网络算法的训练次数为 50 000，训练目标为 0.001，学习速率为 0.01，选取 $\lambda=0.05$，网络初始权值均在 $[-0.5,0.5]$ 随机选取。为保证可比性，在每一个迭代循环开始的时候令动量项因子为零。该程序共运行 56 秒，经过 8 416 次迭代，得到三次指派问题的可行解，仓库内叉车运行路线为

$$
d'=\begin{pmatrix}1 & 2 & 3 & 4 & 5 & 6 & 7 & 8 & 9 & 10 & 11 & 12 & 13 & 14\\2 & 3 & 1 & 8 & 4 & 7 & 5 & 6 & 11 & 9 & 12 & 13 & 14 & 16\end{pmatrix}
$$

为了确定 q_{10}，q_{15} 这两个出库点路径，根据就近原则测量这两个出库点到集装箱卡车的距离得 $d_{q_{10},C_2}=54.8$，$d_{q_{15},C_4}=13.8$，因此叉车整体运行线路为

$$
d^*=\begin{pmatrix}1 & 2 & 3 & 4 & 5 & 6 & 7 & 8 & 9 & 10 & 11 & 12 & 13 & 14 & C_2 & C_2\\2 & 3 & 1 & 8 & 4 & 7 & 5 & 6 & 11 & 9 & 12 & 13 & 14 & 16 & 10 & 15\end{pmatrix}
$$

需要指出的是，本节只是对仓库内叉车运行做了一个路径规划，具体实施还需管理人员根据现场实际情况具体决定。通过实例，本节得到的主要结论如下。

（1）本节以高效率、低成本和高安全度为目标，以八门互通仓库为样本，构建了叉车线路多目标规划的三次指派模型，为指派问题提供了一种新的优化模型。

（2）本节将带自适应动量因子的 BP 神经网络算法与特定随机次序算法结合，给出了一种改进的 BP 神经网络算法，该方法简单实用，具有很好的应用前景。

（3）本节经过计算给出的是叉车运行路径，即闭环路径集合，至于闭环路径中各线路的运行顺序则由现场管理人员确定，也就是说，本节给出的模型的实施需要较好的人机交互。

（4）本节借用上海某危险品物流有限公司的实际仓库参数，为模型提供了一个仿真算例，在仿真中发现使用改进的 BP 神经网络算法能加快算法的收敛速度、提高收敛精度及增强算法的稳定性，该算例的计算结果也表明了模型的有效性和可行性。

3.3　互通危险品平仓仓库仓储作业链及作业优化方法

3.3.1　研究问题的提出

在危险品仓储作业中，我们需要关注两类危险源。其中，第一类危险源是事故发生的前提，是事故的主体，决定事故的严重程度；第二类危险源是第一类危险源导致事故的必要条件。在叉车作业中，危险源集中在叉车的碰撞和叉车距离的靠近上。前者是危险品仓储作业中最需要关注的第一类危险源，后者是危险品仓储作业中需要关注的第二类危险源。为了做好本项研究，本节以平仓仓库为研究背景，主要围绕第二类危险源的防控，重点关注了危险品仓库[135~139]、多属性决策[140]、最优化理论[141~143]等方面的最新研究成果。为了对多任务条件下仓库内叉车的调度方案提供技术支持，进而保证危险品出入库活动的安全高效，本节借鉴现有研究成果，以一类互通危险品仓库为研究背景，以多叉车运行线路为条件，以五个随机出入库位置为样本，研究了特定情况下的叉车最优调度问题。

本节定义叉车运行规则如下。首先，叉车在危险品仓库门外集装箱里取出待入库货物，并经过行驶将入库货物存放到入库货位；其次，驾驶空车到出库货位，将出库货物取出，并运送到危险品仓库门口的出库集装箱里，完成一次闭环运输。叉车在一次完整的仓储作业中需完成多个闭环运输。在给出了叉车运行的基础上，本节将主要从以下几个方面展开研究：首先，对危险品仓库的仓储链及监控问题进行阐述；其次，建立危险品仓储作业优化模型，为调度方案的评价提供支持，最后利用调研参数，对新提出的模型进行验证。

3.3.2　互通危险品仓库的仓储链作业定义及两级监控

1. 互通危险品仓库的网格化表示

本节以五个出库点和五个入库点为例，研究在两个运输危险品叉车作业下的最优调度问题。以平仓仓库为例，构建仓库道路及货位的平面分布图，确定入库点与出库点及集卡的位置，如图 3.8 所示。

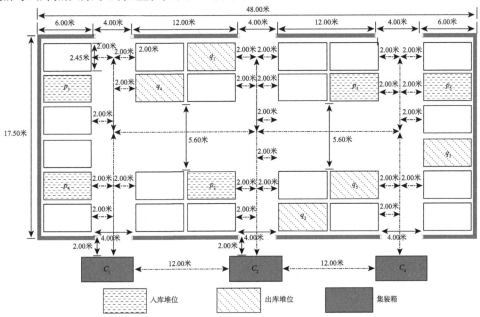

图 3.8 危险品仓库几何结构图

为了更好地表示出库点、入库点及运输危险品叉车的实时位置，本节将危险品仓库的几何结构进行网格化处理，以一个叉车的长度作为网格化的最小单元，以仓库下边界和左边界为 x 与 y 轴建立平面直角坐标系对各点位置进行标识，详情见图 3.9。

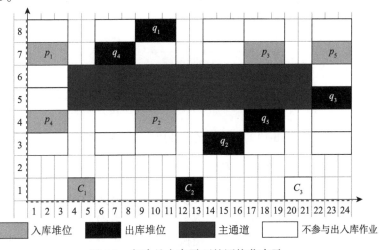

图 3.9 危险品仓库平面的网格化表示

2. 危险品仓储作业的仓储链提炼

在本书的前述研究中提出了危险品仓储作业的"闭环通路"概念。在本质上，"闭环通路"的概念从单次出入库活动的角度来处理叉车之间的配合问题。单次的出入库活动包括叉车起步、直线行驶、转向、制动、叉取作业及装卸作业等环节。由于在相同批次的仓储作业活动中，两辆作业叉车所需完成的直线行驶距离经常不相等，并且叉取作业和装卸作业的时间难以精确掌握，两辆叉车难以实现全程配合（图3.10）。在图3.10中，虽然在 X_1 时间段内两辆叉车处于同一作业周期内，但是在 X_2 时间段两辆叉车作业时间产生了不匹配，进而为定义叉车运行的安全度增加了困难。在调研的基础上，本节借鉴交通行为学中"出行链"的概念，提出危险品仓储活动中的仓储作业链概念，并从仓储链的角度研究危险品出入库作业，为研究危险品仓储活动提供了新的思路。具体地，危险品仓储作业链的定义如下：在一次仓储作业中，叉车需要在出入库集装箱和危险品仓库货位间进行多次闭环运输。在一次仓储任务中，一辆叉车的所有仓储作业闭环运输称为仓储作业链，记叉车的编号为 k（k 等于1或2），记叉车 k 在一次仓储作业中的作业链为 l_k，进而将其记为完成一次仓储任务，两辆叉车对应的仓储作业链对为（l_1，l_2）。

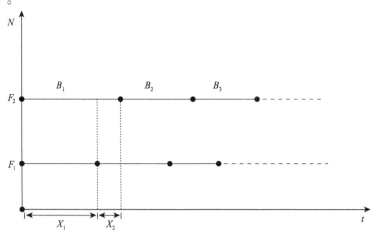

图3.10   两辆叉车作业周期匹配示意图

3. 危险品仓储作业的监控问题

基于危险品仓库的特殊性，如果仅仅以叉车不碰撞为作业目标，在仓储作业过程中必然会存在较多的潜在风险，本节以第二类危险源为研究目标，考虑在两个叉车距离较近时会由于刹车失误、司机评判误差等带来潜在危险，以两辆叉车距离为依据将叉车作业时段分为重点监控时段和常规监控时段两级作业过程。在重点监控时段内叉车距离较近带来的潜在危险使整个调度策略的安全性降低，并且处于重点关注时段的时间及两辆叉车的距离对调度策略安全性指标影响较大。本节基于充分的调研加之咨询相关专家，得出两级作业下的边界点。在此基础上，仍可以将作业过程分为三级至多级，进一步细化作业过程的监控。为了便于研究，本节选取两级监控为样本进行研究。两级监控下的叉车调度方法定义如下：在两辆叉车同时进行出入库作业时，给定叉车间距离的阈值为 d_0。当叉车间的距离小于给定阈值 d_0 时，仓储作业进入重点监控状态；当叉车间的距离大于给定阈值 d_0 时，仓储作业进入常规监控状态。

3.3.3 基于仓储链及安全度的互通危险品仓储作业模型

1. 研究点的界定

在危险品仓库叉车最优调度策略的选取中，存在出入库点的配对及不同出入库点的作业顺序确定两个研究点。对于出入库点的配对问题，我们以完成所有的任务所走的路程为评判标准，研究得出总路程最小的出入库任务配对方案 $\min \sum_{i \in I} \sum_{j \in J} x_{ij} d_{ij}$，其中，$I$ 表示放货点的集合；J 表示取货点的集合；当 $x_{ij} = 1$ 时，表示第 I 个放货点和第 J 个取货点配对，否则为 0；d_{ij} 表示第 i 个放货点和第 j 个取货点的距离。由于本节重点关注危险品仓库叉车调度过程中的安全度、效率及综合评价指标等对调度策略的影响，所以我们下面将重点研究出入库点的作业顺序确定问题，并提炼安全度公式、效率模型及综合评价模型，最终得出危险品仓库叉车调度的优选模型。

2. 安全度公式的定义

本节通过咨询仓库管理人员，寻找两辆叉车之间距离的安全阈值。当距离小于此阈值时，由于距离过近，叉车存在潜在碰撞危险。此时，本书建议由常规关注时段进入重点关注时段。记仓储任务作业时段为 $[T_0, T_1]$，记在时间段 $[T_0, T_1]$，记两辆叉车所有可能的仓储作业链对 $\{(l_{1i}, l_{2i}) | i = 1, 2, \cdots, N\}$，其中，$N$ 是一次仓储作业任务中所有可能的仓储作业链对的数量。记第 i 对仓储作业链所对应的重点监控时间长度为 t_i，记两辆叉车在仓储作业重点监控时段的平均距离为 d_i，记 $t_{\min} = \min_{i \in \{1,2,\cdots,N\}} t_i$，$d_{\min} = \min_{i \in \{1,2,\cdots,N\}} d_i$，$t_{\max} = \max_{i \in \{1,2,\cdots,N\}} t_i$，记仓储作业双叉车的 i 对仓储作业链的安全度函数为

$$S_i = \frac{\left(\dfrac{t_i - t_{\min}}{t_{\max} - t_{\min}} + 1 \right)^{-\omega_1} \times \left(\dfrac{d_i - d_{\min}}{d_{\max} - d_{\min}} + 1 \right)^{\omega_2}}{2} \quad\quad (3.17)$$

其中，ω_1 和 ω_2 分别为重点监控时间和重点监控空间在安全度计算中的权重，这两个参数由作业管理人员根据仓库具体实际给出，且 $\omega_1 + \omega_2 = 1$。需要指出的是，由于两辆叉车所分配任务数量上可能存在不对等的情况及工作时间上的差异，可能会存在两辆叉车不同时完成任务的情况，当其中任意一辆叉车完成任务停在出发点时，此时便不存在由潜在的碰撞带来的不安全因素，所以本节在计算安全性评价指标的大小时，当任意一辆叉车停止工作时，计算便停止。

3. 基于仓储链的危险品出入库作业模型

本节通过对两辆叉车在整个作业过程中的运动情况的研究，进而提炼效率评价及综合评价模型。

步骤 3.17：记叉车在 t 时刻的位置为 $F_1(a_t, b_t)$ 和 $F_2(x_t, y_t)$。在初始时间两辆叉车均处于入库集卡处，此时两辆叉车的坐标分别为（4，2）和（12，2），并分别记为 $F_1(a_0, b_0)$ 和 $F_2(x_0, y_0)$。然后，两辆叉车分别从入库集卡 C_1 和 C_2 拿取货物准备进行入库作业，拿取货物耗时 t_1' 分钟，而后驶向入库点进行入库操作，抵达入库点后将货物放下，放下货物耗时 t_2' 分钟，同时根据入库点与出库点匹配结果，驶向该入库点作业所对应的出库点，抓取出库货物。

步骤 3.18：叉车带离出库货物驶向出库集卡，叉车放下货物后判断是否还有入库作业待完成。如果仍然有任务，由仓库外的出入库集卡连接直道驶向入库集卡，至此一个出入库作业闭环运输完成。如果没有入库作业待完成，那么此时集卡便停在出库集卡处，同时安全性指标计算停止，整个仓储作业完成。一辆叉车的所有仓储作业往返行程称为仓储作业链。这记为完成一次仓储任务，两辆叉车所对应的仓储作业链对为 (l_1, l_2)。

步骤 3.19：提出危险品叉车调度的两级监控方法，将仓储作业的完整时段划分为重点监控时段和常规监控时段。在叉车进行出入库作业，并且在任意叉车停止工作之前，对两辆叉车之间的距离进行计算。由于在危险品仓库中，叉车多为直线及折线运行，故本节选取两辆叉车之间的折线距离 d 作为叉车距离的体现。其中，$d = |a_t - x_t| + |b_t - y_t|$，$(a_t, b_t)$ 和 (x_t, y_t) 分别为两辆叉车在第 t 时刻的坐标。在两辆叉车同时进行出入库作业时，给定叉车间距离的阈值 d_0。当叉车间的距离小于给定阈值 d_0 时，仓储作业进入重点监控状态，当叉车间的距离大于给定阈值 d_0 时，仓储作业进入常规监控状态。对安全度进行计算直至任意叉车停止工作。

步骤 3.20：提出仓储作业的安全度函数。记仓储任务作业时段为 $[T_0, T_1]$，记两辆叉车所有可能的仓储作业链对为 $\{(l_{1i}, l_{2i}) | i = 1, 2, \cdots, N\}$，$N$ 是一次仓储作业任务中所有可能的仓储作业对数量。记第 i 对仓储作业链所对应的重点监控时间长度为 t_i，记两辆叉车在仓储作业重点监控时段的平均距离为 d_i，记 $t_{\min} = \min\limits_{i \in \{1,2,\cdots,N\}} t_i$，$d_{\min} = \min\limits_{i \in \{1,2,\cdots,N\}} d_i$，$t_{\max} = \max\limits_{i \in \{1,2,\cdots,N\}} t_i$，并通过式（3.17）求得危险品仓储作业双叉车的 i 对仓储作业链的安全度函数 S_i。

步骤 3.21：提出仓储作业中叉车运行线路的综合评价函数。记叉车 $k\,(k=1,2)$ 在第 i 对仓储作业链中的总作业时间为 $t_{ki}\,(k=1,2)$，记 $t_i = t_{1i} + t_{2i}$ 为第 i 对仓储作业链中两辆叉车的总作业时间，记 $\eta_i = \dfrac{(t_{1i} + t_{2i})}{2}$ 为第 i 对仓储作业链所对应的效率函数，则第 i 对仓储作业链叉车运行线路的综合评价函数为

$$P_i = \frac{\left\{ \dfrac{\left(\dfrac{t_i - t_{\min}}{t_{\max} - t_{\min}} + 1\right)^{-\omega_1} \times \left(\dfrac{d_i - d_{\min}}{d_{\max} - d_{\min}} + 1\right)^{\omega_2}}{2} - \dfrac{\min\limits_{i \in \{1,2,\cdots,N\}}\left\{\dfrac{\left(\dfrac{t_i - t_{\min}}{t_{\max} - t_{\min}} + 1\right)^{-\omega_1} \times \left(\dfrac{d_i - d_{\min}}{d_{\max} - d_{\min}} + 1\right)^{\omega_2}}{2}\right\}}{\max\limits_{i \in \{1,2,\cdots,N\}}\left\{\dfrac{\left(\dfrac{t_i - t_{\min}}{t_{\max} - t_{\min}} + 1\right)^{-\omega_1} \times \left(\dfrac{d_i - d_{\min}}{d_{\max} - d_{\min}} + 1\right)^{\omega_2}}{2}\right\} - \min\limits_{i \in \{1,2,\cdots,N\}}\left\{\dfrac{\left(\dfrac{t_i - t_{\min}}{t_{\max} - t_{\min}} + 1\right)^{-\omega_1} \times \left(\dfrac{d_i - d_{\min}}{d_{\max} - d_{\min}} + 1\right)^{\omega_2}}{2}\right\}} + 1 \right\}^{w_1} \times \left(\dfrac{\eta_i - \eta_{\min}}{\eta_{\max} - \eta_{\min}} + 1\right)^{-w_2}}{2}$$

（3.18）

其中，w_1 和 w_2 中分别为重点监控时间和重点监控空间在安全度计算中的权重，且 $w_1 + w_2 = 1$。

步骤 3.22：建立危险品仓储作业的管理偏好向量。记 $\Omega = \{\omega_1, \omega_2, w_1, w_2\}$ 为仓储作业叉车运行线路规划对应的管理偏好向量，其中，$\omega_1 + \omega_2 = 1$，$w_1 + w_2 = 1$，且偏好向量中的四个参数均由仓库管理人员根据仓储作业环境给出。通过对偏好向量

赋值，可得到仓储作业叉车运行的安全度及叉车运行线路的综合评价指数。

步骤 3.23：通过仓储作业中叉车运行线路的综合评价指数确定叉车最优调度策略。记两辆叉车在第 i 对仓储作业链中叉车运行线路的综合评价指数为 P_i，记 $P_{i^*} = \max\limits_{i\in\{1,2,\cdots,N\}} P_i$，则 $P_{i^*} = \max\limits_{i\in\{1,2,\cdots,N\}} P_i$ 所对应的第 i^* 对仓储链为最优仓储链，该对仓储链所对应的叉车运行线路为最优运行线路。

4. 补充解释

根据本节的研究目标，我们做以下两点补充解释。首先，安全度公式是本节第一次提出，并且可以由多种函数表达，特别地，本节在仓储链的基础上，在计算安全度的过程中，综合考虑了重点监控时段的时长，以及叉车距离两个因素，符合仓储作业的实际。其次，与现有的作业监控相比，本节利用安全度计算公式，不但给出了优化线路，而且将叉车作业的完整时段分为重点监控与常规监控两个时段，深化了对危险品仓储作业危险源的认识。

3.3.4　三个房间条件下的双叉车出入库作业线路优化算例

1. 算例介绍

为了验证上述新型危险品仓库模型的可行性，通过充分的调研，借鉴国内主要的危险品仓库布局结构，我们得出以下危险品仓库参数，详情见表 3.1。本节利用长三角危险品仓库常见的参数，以新型平仓仓库布局为基础，以 5 个入库点和 5 个出库点为例，研究在已知出入库点情况下的运输危险品叉车最优调度策略。

表 3.1　危险品仓库参数值

重要参数	参数数值	重要参数	参数数值
仓库总长度	48 米	仓库过道宽度	4 米
仓库总宽度	17.5 米	仓库间过道宽度	5.6 米
货位长度	6 米	叉车长度、宽度	1.5 米×1.2 米
货位宽度	2 米	叉车托盘规格	1.1 米×1.1 米
两辆叉车距离安全阈值	3 米	叉车时速	3 000 米/小时
叉车抓放货物时间	1.5 分钟	—	—

2. 问题求解过程

本节利用 Matlab 遍历所有可行解的方法对前文所述的情况进行遍历。首先，对出入库任务配对的遍历，在 5 个出库点和 5 个入库点的情况下，共有 125 种配对方案，由遍历结果看出，最佳的仓储作业任务包含的配对方案为 p_1 入库点与 q_4 出库点匹配、p_2 入库点与 q_2 出库点匹配、p_3 入库点与 q_5 出库点匹配、p_4 入库点与 q_1 出库点匹配、p_5 入库点与 q_3 出库点匹配。在上述出入库点配对情况下，整个任务周期两辆叉车的行驶距离最短，为 150 米。根据仓储作业链的定义，剔除掉两辆叉车运行线路在相同时间点相交从而容易发生碰撞的方案，共有 98 对仓储链符合要求。接下来，我们将从中找出两辆叉车对应的最优仓储作业对。

首先，本节仍然使用遍历可行解算法对可能出现的完成任务顺序进行遍历，并对不同出场顺序下的方案用安全评价模型、效率评价模型及综合评价模型进行评价。在对安全性评价的过程中，两辆叉车的距离及处于重点关注时段的时间为重要评价因素。其次，给出危险品叉车调度的两级监控方法，并且将区别两类监控时段的阈值取为 3 米。再次，根据式（3.17）计算仓储作业的安全度函数。最后，根据式（3.18）计算仓储作业中叉车运行线路的综合评价函数，继而建立危险品仓储作业管理偏好向量。为了计算的方便，本实例中取偏好向量的数值 $\Omega=\{0.5,0.5,0.8,0.2\}$。另外，通过仓储作业叉车运行线路综合评价指数及偏好向量，可得到 125 对仓储链对应的综合评价指数。

根据综合评价指数的大小对比，可得方案 8 的综合评价结果最高，该方案下的作业耗时为 2.04 分钟，安全指数为 1.265 1，调度方案评价指标为 1.561 6。因此，方案 8 为最优的叉车运行线路。最优调度策略下叉车距离随时间变化曲线图见图 3.11，最优调度策略下两辆叉车运行轨迹图见图 3.12。

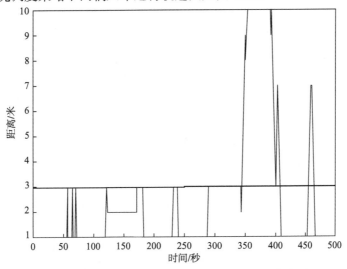

图 3.11　最优调度策略下叉车距离随时间变化曲线图

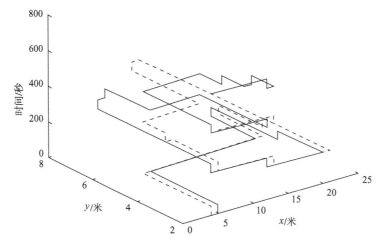

图 3.12　最优调度策略下两辆叉车运动轨迹图

　　通过上述算例，本节对新提出的理论进行了验证。综合来看，本节所提出的新型危险品平仓仓库双叉车线路规划方法，可以为叉车规划路径，并且可以将主客观决策信息较好地融合起来，为仓储企业的运营提供决策支持，在保障安全的前提下提升仓储企业的作业效率。

3.4　本章小结

　　在提出了四门及互通危险品仓库的基础上，为了对两类新型危险品仓库的使用提供决策支持，本章以最优化理论为工具研究了四门危险品仓库及互通危险品仓库的仓储作业优化问题，并取得了一系列研究成果。

　　通过 3.1 节的研究，我们主要得到了互通危险品平仓仓库仓储作业的三阶段自动化模型。具体地，第一个自动化阶段依据叉车运行成本和安全指标将入库货位分为两部分；第二个自动化阶段依据效率和安全指标对两类入库货位之间的元素建立匹配关系；第三个自动化阶段将两个叉车规划的运行线路排序，得到叉车完整的运行路径。该节借用上海某危险品仓库的调研数据，验证了新提出的出入库作业瀑布机制及三阶段实现模型的有效性和可行性。

　　通过 3.2 节的研究，我们主要得到如下两点认识：第一点，该节具体分析了三种影响危险品出入库的因素，并通过一个带参数的最优化函数刻画出来，构建叉车运行线路的三次指派模型。第二点，该节将带自适应动量因子的 BP 神经网络算法与特定随机次序学习算法结合，提出一种改进的 BP 神经网络算法，用于求解叉车运行的最优线路。

通过 3.3 节的研究，我们主要得到如下两点认识：第一点，该节借鉴交通行为学中"出行链"的概念，创新性地提出互通危险品仓库的仓储作业链概念，给安全度的精准刻画提供理论依据。第二点，该节提出危险品仓库叉车调度的两级监控策略，并通过对重点监控时段及常规监控时段的划分，建立安全度评价模型，为互通危险品仓库叉车调度提供决策支持。

第4章　环岛危险品平仓仓库叉车运行规则及分区作业研究

为了对时效性较强的客户提供高效率的仓储服务，进一步提高危险品仓储作业的效率，本章在互通危险品仓库的基础上提出了环岛危险品平仓仓库的设计思路。在环岛危险品仓库中，有更多的隔离门被设置，通过隔离门的使用，可以为作业叉车提供更多的运行线路选择。通过隔离门的使用，每个危险品仓库可以具有多种仓储方案，并且这些仓库可以同时归属于不同的分类。隔离门的使用使得环岛仓库具有了更多的属性，它们不再仅仅是某些特定仓库类型的成员，这将释放仓库的仓储潜能，进而为危险品仓库的作业效率提升提供物理基础。任何事物都存在两面性，在释放仓储潜能的同时，环岛危险品仓库中设置隔离门将占用较多的危险品仓储货位，这将提升危险品货位的单位使用成本。与互通仓库相比较，一方面，环岛危险品仓库作业的时效性更强，作业效率更高；另一方面，环岛危险品仓库的土地使用成本更高，对员工的计算机水平要求也更高。从上述分析可以看出，环岛危险品仓库适合于时效性更强、对仓储成本敏感性较弱的仓储客户。为了进一步支持环岛危险品仓库的运营，本章先后从叉车运行规则的设置，以及危险品货位分区的角度进行了研究，并得出了一些有益的研究成果。本章各节的主要研究内容如下。

4.1 节提出了环岛危险品仓库的概念，并且以此为基础提出了危险品货位动态布设问题。在货位动态布设条件下的危险品仓库中，叉车的运行方案主要有依赖运行规则，或依赖优化算法两种情形。设置运行规则与否取决于客户对仓储效率和成本的要求。在此基础上，本节基于最优化理论，以常见的环岛运行规则设置问题为样本，研究了在叉车出入库活动中环岛运行规则的设置条件，将环岛运行规则的设置问题提炼为一类特殊的指派问题，并给出了求解算法。

4.2 节从空间布局的角度研究了危险品平仓仓库。在多危险品出入库作业同时进行时，主要有设置分区规则和不设置分区规则两种危险品仓库货位使用类型。

为了统筹兼顾危险品出入库作业的安全、效率、成本等因素，本节以设置叉车环岛运行规则为研究背景，以最优化理论和新提出的成本计算公式为工具，研究了包装危险品环岛平仓仓库的分区设置问题，并通过数值仿真，得到了环岛平仓仓库货位分区的五条重要规律。

4.3 节对全章的内容做了总结。

4.1 环岛危险品平仓仓库叉车运行规则设置的决策方法

4.1.1 研究问题的提出

我国现有危险品仓库大多采用双门设计。调研发现，该种仓库布设方式极大地限制了仓库的运行效率。为了提升危险品仓库的仓储效率，我们在第 3 章提出了互通危险品仓库的概念。为了进一步提高作业效率，本章提出并研究了环岛危险品仓库。通过在环岛危险品仓库中设置更多的隔离门，可以实现危险品货位的动态布设。货位动态布设条件下是否为叉车设置运行规则，以及是否需要对仓库进行出库货位与入库货位的分区设置，是使用环岛危险品仓库的关键问题。为了对仓库分区及叉车运行提供智力支持，本节以环岛危险品仓库为研究背景，以多叉车运行线路为条件，以危险品的同时出入库为样本，研究了不同情况下仓库分区布设规则以及环岛运行规则的设置问题。为了做好本项研究，本节重点关注危险品仓库管理、环岛控制、最优化理论在交通领域的应用等方面的最新研究成果。

在危险品仓库管理方面，王磊等发现在危险品事故中，危险品仓储事故为主要事故形式，且开放式危险品仓储事故风险较高。同时，通过分析近几年危险品仓储事故，发现主观因素不确定性是此类事故的主要影响因素[135]。Yachba 等基于遗传算法提出了一种对危险品集卡位置的自动识别系统[144]。Molero 等研究了将危险品仓库建在陆港的可能性，并给出了一种选择危险品仓库库址的多指标决策方法[145]。在环岛控制方面，廖铄澹和刘怡杉将环岛优化策略与交通信号控制相结合，设计出主干道与次干道交通信号控制方案，从而实现了环岛的车辆通行能力最大化[146]。Tian 等发展了一类基于博弈理论的在线司机路径选择预测方法[147]。上述地面交通领域对环岛的研究对本书研究危险品仓库有很好的启发。在最优化理论在交通领域的应用方面，著者主要关注了如下研究成果。Mesbah 等提出了实现公交道路空间优先权的计算公式，并通过该公式为公家车与私家车分配了路权[148]。Chen 等研究了公路收费最优策略的确定方法，并通过该策略实现路网出行者平均交通耗时的减少[149]。Shahabi 等对旅行费用不确定、分布函数信息不准确的最短路径问题采用了一种鲁棒优化方法，并提出了一种外逼近算法对该问题进行求解。实例表明该算法对求解该类问题具有很高的效率[150]。Marinakis 等提出了一种混合型粒子群算法，并利用该算法求解一种特殊的约束最短路径问题，且取得了良好的效果[151]。另外，李军等将 RFID 应用于仓储作业中，实现出入库活动的自动化识别[152]。

借鉴上述研究成果，本节的研究目的是在不降低空间利用率的前提下，提升出入库效率，实现出入库作业的帕累托改进。本节以入库货位数与出库货位数为关键变量，在设置环岛运行规则且仓库分区布设、设置环岛规则但不进行分区布设、不设置环岛运行规则但仓库分区布设、不设置环岛规则且不进行分区布设四种情况下，在关键变量发生变化时，以效率和成本为双目标确定最优方案。其中，当设置环岛运行规则时只允许叉车在环岛路径区域单向行驶。为做好科学计算，计算机计算的准备见图 4.1。本节的布局及结构如下。4.1.2 节介绍了环岛危险品仓库条件下的叉车多线路运行方案；4.1.3 节详细介绍了环岛危险品仓库叉车运行的算法控制和规则控制；4.1.4 节通过实例验证了新给出算法和规则的实用性。

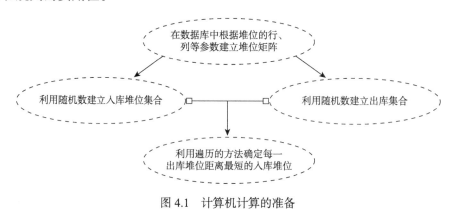

图 4.1　计算机计算的准备

4.1.2　环岛危险品仓库条件下的叉车多线路运行

1. 环岛危险品仓库介绍

本章研究环岛危险品仓库，是为了实现在不降低空间利用率的前提下，提升出入库效率，实现出入库作业的帕累托改进。需要指出的是，这里说的环岛指的是危险品仓库中叉车运行所围成的区域。未能设置环岛的互通危险品仓库见

图 4.2，设置了环岛的危险品仓库，见图 4.3 及图 4.4。

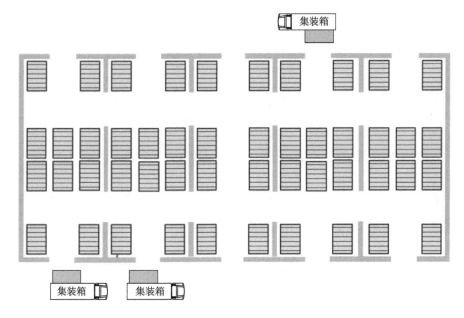

图 4.2　方案一对应仓库几何结构图

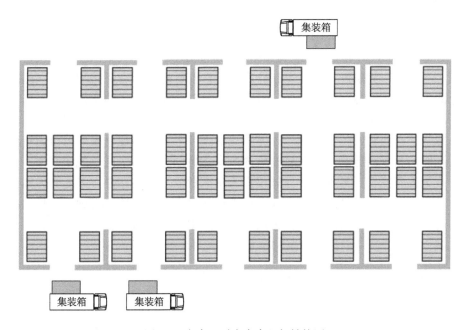

图 4.3　方案二对应仓库几何结构图

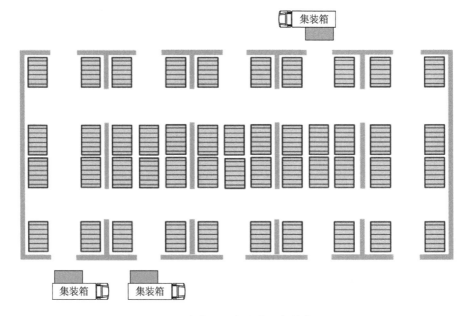

图 4.4　方案三对应仓库几何结构图

在图 4.2~图 4.4 中，由于方案一无法实现环岛运行功能，故在该方案下无法研究环岛运行规则的设置问题。在方案二与方案三的对比中，方案三所包含的环岛区域范围较大，故设置规则会导致可双向行车部分的路径缩短，进而导致效率低下。因此本节重点研究方案二。通过对图 4.2 的分析，我们共提出了四种叉车运行方案。在方案一的条件下，叉车在仓库内可自由行驶，所有道路均为双向道路，且仓库内入库货位与出库货位的位置无特殊限制。在方案二的条件下，叉车在仓库内环岛区域的路径上只能单向行驶，其他路径可双向行驶，且仓库内入库货位与出库货位的位置无特殊限制。在方案三的条件下，叉车在仓库内可自由行驶，所有道路均为双向道路，同时将仓库内所有货位划分为两个区，规定其中一个区域仅作为入库货位，另外一个区域仅作为出库货位。方案四是方案二和方案三的结合。在方案四的条件下，叉车在仓库内环岛路径上只能单向行驶，其他路径可双向行驶；仓库内所有货位划分为两个区，其中一个区域设置入库货位，另外一个区域设置出库货位。四种方案的示意图见图 4.5~图 4.8。

2. 环岛危险品仓库条件下叉车运行方案多样化

调研发现，当存在一定比例固定货源，且该部分货源所提出的仓储需求量足够大时，在满足维持一个十门环岛危险品仓库的背景下，可为这部分固定货源设置分区仓库，且在完全信息条件下，可以通过货物进出库时间及货量安排货物货

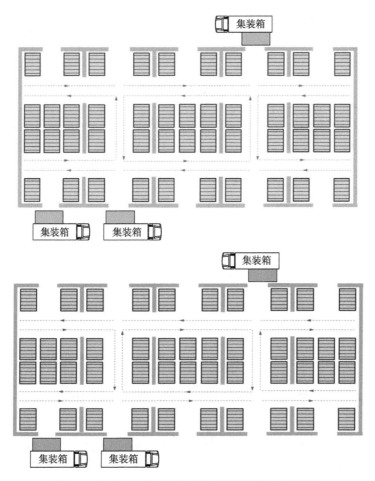

图 4.5　入库出库货位不分区且不设置环岛行车规则

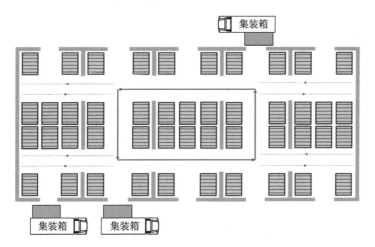

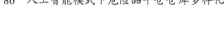

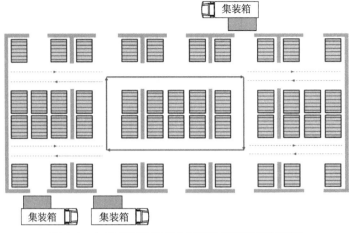

图 4.6　入库出库货位不分区但设置环岛行车规则

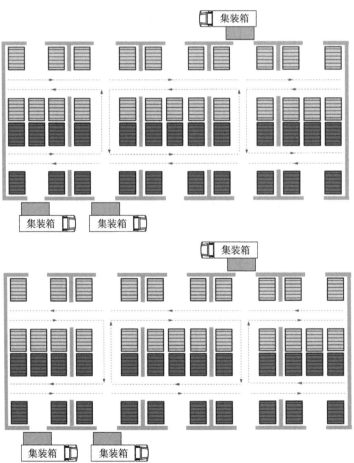

图 4.7　入库出库货位实行分区但不设置环岛行车规则

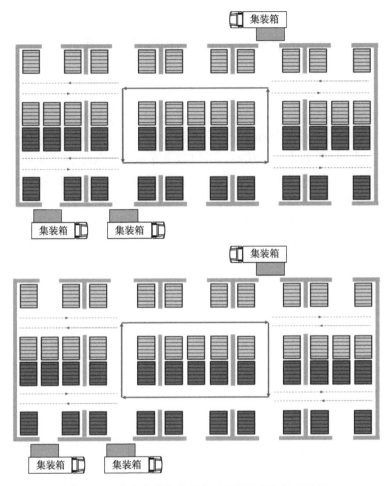

图 4.8　入库出库货位实行分区且设置环岛行车规则

位，从而实现该仓库货物在某一时间段内出库货位与入库货位完全分区的状态。同时，在该情况下由于出库点入库点的位置相对固定，可以通过合理安排货物货位的位置来实现叉车运行路径的最优化，即尽可能缩短叉车在仓库内的运行距离，避免会车，从而加快叉车作业中入库集卡与出库集卡的作业时间，提升作业效率。

当固定货源的比例较低，且货量较少时，选择分区仓库将会造成极大的资源浪费，进而提升管理成本，此时若仍对仓库进行分区布置，将会极大地降低仓库的空间利用率。因此在建立叉车库内运行算法模型的过程中，对作为输入部分的仓库货位布设矩阵的设定，依照入库货位与出库货位在不同给定数量下随机排布的方式生成模型的输入矩阵再进行计算。为了行文的方便，本节将重点研究叉车的运行规则，进一步的分区理论由 4.1.3 节给出。

4.1.3　叉车运行的算法控制和规则控制及其实现方法

1. 基本参数介绍

本节考虑到影响危险品仓库出入库作业效率的几个主要因素，提出了在出入库货位数量和位置不断变化的情况下，应如何根据仓库内实际情况来调整环岛区域的行车规则以达到效率最优状态，并以双叉车双集卡入库和单集卡出库的十门环岛危险品仓库为例进行研究。方便起见，记同时兼有入库作业的两辆集卡为 T_1 和 T_2，记仅有出库作业任务的集卡为 T_3，记 T_1 和 T_3 服务的叉车为 F_1，记 T_2 和 T_3 服务的叉车为 F_2，记所有等待入库货位的集合为 $M=\{1,2,\cdots,m\}$，记所有等待出库的货位的集合为 $N=\{1,2,\cdots,n\}$，$m+n\leqslant 46$。p_i 表示任一入库货位，且 $i\in M, j\in N$。记 q_j 表示任一出库货位，同时设叉车在仓库外的运行速度为 v_f，行驶距离为 d_{out}。进一步地，当设置环岛行驶规则时，记叉车在仓库内的运行速度为 v_s，行驶距离为 d_s。当不设置环岛行驶规则时，记叉车在仓库内的运行速度为 v_{ns}，行驶距离为 d_{ns}。当速度分别为 v_f、v_s、v_{ns} 时，记叉车单位时间所消耗的燃油分别为 c_f、c_s、c_{ns}。

2. 实现叉车运行的仿真设计

首先，本书介绍在不设置环岛单向行车规则下的叉车运行仿真设计。

由于叉车在仓库内行驶方向最多只有四个，具有很强的确定性，故在计算叉车在仓库内行驶的平均最短距离 d_{ns} 的过程中，可通过仿真的方法，分设置环岛单向行车规则与不设置环岛单向行车规则两种情况进行研究。具体实现步骤如下。

步骤 4.1：将仓库区域均匀划分，使该区域形成一个均匀的网格，同时可得到所有网格线交点的坐标。

步骤 4.2：用矩阵表示仓库布设方式。

步骤 4.3：设置叉车在仓库内的运行规则。

步骤 4.4：初始化叉车入库位置。

步骤 4.5：根据叉车在仓库内的运行规则，分别找出叉车 F_1 和 F_2 从入库仓门到出库仓门的所有最短路径，并保存。

步骤 4.6：分别检查在每一种路径组合下，同一时刻两辆叉车所在位置是否相同。若不相同，则返回由网格线交点所组成的叉车 F_1 和 F_2 的路径。

步骤 4.7：经过 n 次迭代后，计算出在入库货位数量与出库货位数量所有可能的组合情况中，每一种情况下两叉车库内行驶的平均路程并输出。其中，仓库均匀划分的网格线设置见图 4.9。

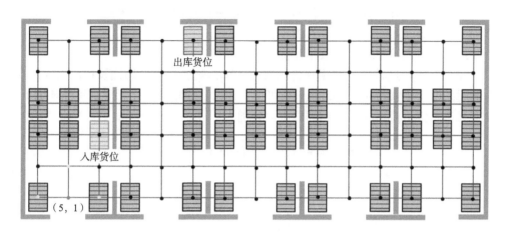

图 4.9　环岛仓库网格划分示意图

在上述设计中，步骤 4.3 中设置叉车在仓库内的运行规则如下：第一，判断当前位置所连接的步长为 1 的所有网格线交点的状态；第二，判断下一时刻运行方向（每一时刻叉车行驶步长为 1）；第三，保存该时刻的所有可行路径；第四，根据可行路径上的最新坐标点更新当前叉车所在位置坐标；第五，重复上述步骤，直到叉车当前所在位置坐标为出库仓门的位置坐标；第六，结束计算，并给出最短路径。

其次，本书给出设置环岛单行规则下的叉车运行仿真设计。

当设置叉车环岛单行规则时，上述算法步骤基本不变，但在步骤 4.3 中叉车在仓库内的运行规则还需满足如下条件，即当叉车所在位置坐标为环岛区域路线坐标点集合的子集时，需根据叉车所在环岛路线上坐标点限制下一时刻行驶方向。应用上述算法，通过更新矩阵，以及设置不同的叉车初始位置坐标，可以得到叉车行驶的最优路径长度。在环岛区域设置单向行驶规则时，在上述叉车运行的算法基础上，将单行路线上的所有点坐标根据单行方向对下一时刻可到达点的集合进行修改，即可计算出在设置环岛运行规则的情况下叉车库内最短路径的行驶距离。同时，根据任意给定的入库货位与出库货位的数量 m、n，可以产生 $C_{46}^{m}C_{46-m}^{n}$ 种不同的入库与出库货位作业方式，考虑所有排列组合方式会超出可接受的计算机时间。因此，为了通过有限的计算次数得出叉车的平均行驶距离，设定对于任意给定 m、n 所需要的最小有效计算次数，通过仿真得出 m、n 所有组合情况下两叉车的平均行驶路程，再选取曲面进行拟合。为避免在计算过程中出现过拟合现象，最终选取二次曲面并通过最小二乘法进行曲面拟合得出各项系数。基于上述拟合分析，任取一组 m、n 值，即可求出当入库货位数为 m，出库货位数为 n 时，记叉

车 F_1 和 F_2 在仓库内行驶距离的期望，即

$$A_v = A \times m^2 + B \times n^2 + C \times m \times n + D \times m + E \times n + F \qquad (4.1)$$

其中，参数 A、B、C、D、E、F 由拟合得到。

最后，我们给出仓库的效用评价模型。

在仓储作业过程中，效用评价函数由叉车行驶所消耗的燃油及单次出入库作业的时间两个因素决定。经过程分析可得，在设置规则和不设置规则两种环境下，在双叉车三集卡模型中的效用评价函数分别为

$$F_s(m,n) = w_1 \times (c_s + c_f) + w_2 \times \left(\frac{d_s}{v_s} + \frac{d_{\text{out}}}{v_f} \right)$$

以及

$$F_{\text{ns}}(m,n) = w_1 \times (c_{\text{ns}} + c_f) + w_2 \times \left(\frac{d_{\text{ns}}}{v_{\text{ns}}} + \frac{d_{\text{out}}}{v_f} \right)$$

将两式标准化后可得

$$F_s(m,n) = \left[w_1 \times \left(\frac{c_s + c_f}{c_s + c_f + c_{\text{ns}} + c_f} \right) + w_2 \times \left(\frac{d_s v_s^{-1}}{d_s v_s^{-1} + d_{\text{ns}} v_{\text{ns}}^{-1}} + \frac{d_{\text{out}} v_f^{-1}}{d_{\text{out}} v_f^{-1} + d_{\text{out}} v_{\text{ns}}^{-1}} \right) \right]^{-1}$$

$$\qquad (4.2)$$

$$F_{\text{ns}}(m,n) = \left[w_1 \times \left(\frac{c_{\text{ns}} + c_f}{c_s + c_f + c_{\text{ns}} + c_f} \right) + w_2 \times \left(\frac{d_{\text{ns}} v_{\text{ns}}^{-1}}{d_s v_s^{-1} + d_{\text{ns}} v_{\text{ns}}^{-1}} + \frac{d_{\text{out}} v_f^{-1}}{d_{\text{out}} v_f^{-1} + d_{\text{out}} v_f^{-1}} \right) \right]^{-1}$$

$$\qquad (4.3)$$

其中，$w_1, w_2 \in [0,1]$，$w_1 + w_2 = 1$；d_s、d_{ns} 表示关于入库货位数 m 与出库货位数 n 的函数；F_s 表示设置环岛单向行车规则时的效用；F_{ns} 表示允许环岛区域双向行车时的效用。

在已知入库货位数 m 与出库货位数 n 时，随机选取入库货位和出库货位的位置，并在设置环岛行车规则与不设环岛行车规则两种前提下，通过叉车库内运行的算法控制模型，分别计算出每种情况下叉车在仓库内行驶的最短距离 d_s 与 d_{ns}，再通过入库集卡与出库集卡的位置，计算出叉车在仓库内及仓库外行驶的最短距离 d_{in} 和 d_{out}。其计算公式分别为

$$d_{\text{in}} = \min \left[d(P_{T_1}, p_{i_1}) + d(P_{T_2}, p_{i_2}) + d(p_{i_1}, p_{j_1}) + d(p_{i_2}, p_{j_2}) + d(q_{j_1}, P_{T_3}) + d(q_{j_2}, P_{T_3}) \right]$$

$$d_{\text{out}} = \min \left[d(P_{T_1}, P_{T_3}) + d(P_{T_2}, P_{T_3}) \right]$$

其中，$i_1, i_2 \in \{1, 2, \cdots, m\}$，$j_1, j_2 \in \{1, 2, \cdots, n\}$。

与此同时，叉车行驶的速度也会影响到叉车的油耗，且叉车在仓库内行驶时，速度越慢油耗越多。由于在设置环岛单向行车规则时，叉车避免了会车时的减速，

从而可得 $v_s > v_{ns}$ ，且 $c_s < c_{ns}$ 。另外，由于设置环岛行车规则可能导致叉车在仓库内行驶的距离增加，故当 $d_s > d_{ns}$ ， $v_s > v_{ns}$ 时可通过比较效用变化函数中第二项的大小来对管理模式进行决策。接下来，本书将通过一个算例来进一步说明。

4.1.4 五个房间条件下设置环岛规则的出入库作业算例

1. 算例介绍

根据 4.1.3 节中提出的算法，以图 4.9 介绍的十门危险品仓库为例，我们给出该类型仓库的仓储作业矩阵：

$$D_1 = \begin{bmatrix} 2 & 0 & 2 & 2 & 0 & 2 & 1 & 0 & 2 & -1 & 5 & 5 & 2 & 0 & 2 \\ 0 & 0 & 0 & 0 & 0 & 0 & 0 & 0 & 0 & 0 & 0 & 0 & 0 & 0 & 0 \\ 2 & 2 & 2 & 1 & 0 & 2 & 2 & -1 & 2 & 2 & 0 & 1 & 2 & 2 & 2 \\ 2 & 2 & 2 & -1 & 0 & 2 & 2 & 2 & 2 & 2 & 0 & 2 & 2 & 2 & 2 \\ 0 & 0 & 0 & 0 & 0 & 0 & 0 & 0 & 0 & 0 & 0 & 0 & 0 & 0 & 0 \\ 2 & 0 & 2 & 2 & 0 & 2 & 2 & 0 & 2 & -1 & 0 & -1 & 2 & 0 & 2 \end{bmatrix}$$

其中，在仓储作业矩阵 D_1 中，入库货位以 1 表示，出库货位以 -1 表示，无须仓储作业的货位以 2 表示，可达路径节点以 0 表示，集卡所在仓门以 5 表示。当前时刻，仓库内有 3 个入库货位和 5 个出库货位，出库集卡所在仓门坐标为（0，10）。同时，仓库的基本参数及出入库仓门位置如图 4.10 所示。

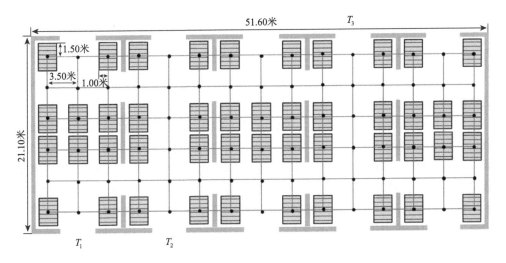

图 4.10 环岛危险品仓库基本参数

在调研的基础上，我们为叉车的运行参数赋值。记不设置环岛运行规则的情况下叉车在仓库内行驶的平均速度 v_{ns} 为 0.41 米/秒，记单位时间的油耗为 4 升/小时；记设置环岛运行规则的情况下叉车在仓库内行驶的平均速度 v_s 为 0.65 米/秒，记单位时间的油耗为 3.6 升/小时，记仓库外叉车的平均行驶速度为 2.7 米/秒，记入库货位与出库货位进行作业的时间均为 30 秒。另外，通过参数赋值可以发现，设置环岛规则可加快叉车在仓库内的行驶速度。

2. 两类效用评价模型的应用

为了使研究具有一般性，并且保证求得的叉车行驶平均路程更为准确，本节选取的入库点数量与出库点数量组合情况如表 4.1 所示，其中第二组和第三组主要验证当入库货位和出库货位总和不变，且当入库货位数与出库货位数互为倒数时，新的作业方案如何影响叉车在库内行驶路程；第二组和第四组主要验证当入库货位和出库货位总和不变，但入库货位数与出库货位数之间相差较大时，新的作业方案如何影响叉车在库内行驶路程。最后可以通过比较第一组、第三组，以及第五组的仿真情况，来分析入库货位和出库货位总和发生变化时叉车在库内行驶距离的变化特点。

表 4.1　计算叉车库内行驶路程期望的对照组

组别	1	2	3	4	5
入库货位数（m）	3	5	8	2	15
出库货位数（n）	3	8	5	11	10
总计	6	13	13	13	25

在上述所有组别中，每种组合的入库货位位置与出库货位位置均为在符合给定数量的前提下随机产生。在入库货位数为 m，出库货位数为 n 时，仓库内所有可能的货位排布情况共有 $C_{46}^m C_{46-m}^n$ 种。经过计算得出，当入库货位数量与出库货位数量分别为（15，15）、（15，16）、（16，15）时仓库内入库货位与出库货位的作业方式最多，为 1.538×10^{20} 种。为确定迭代次数，我们对拥有最多作业方式的情况进行研究，具体方法为分别对迭代次数等于 10、20、30、40、50 这五种情况中的每一种进行 10 次实验，每次实验可得出叉车 F_1 和 F_2 的平均行驶路程，再求出这 10 次实验所得出的两叉车平均行驶距离的标准差。当入库货位数或出库货位数极少时，叉车很有可能需要绕行，导致平均行驶距离的离差加大。因此，进一步对入库货位数与出库货位数分别为（3，3）的情况进行研究，得到的计算结果见表 4.2。

表 4.2　迭代次数对结果准确度的影响

迭代次数		10	20	30	40	50
$m=15$, $n=15$	F_1_SD	0.000	0.049	0.033	0.059	0.018
	F_2_SD	0.128	0.135	0.073	0.149	0.076
$m=3$, $n=3$	F_1_SD	3.641	1.226	0.709	1.251	0.453
	F_2_SD	3.085	1.352	0.794	1.169	0.434

通过表 4.2 可以看出，当出库货位与入库货位数量较多时，迭代次数在 10~50 次变化对最终计算叉车平均距离的准确度影响基本相同。具体地，当入库货位与出库货位数量较少时，在每一个迭代次数下，经过 10 次实验所计算出的叉车 F_1 和 F_2 的平均行驶距离的标准差已经足够小。因此，本节将对入库货位与出库货位个数的所有组合情况进行 50 次迭代，从而获得 50 个不同的输入矩阵，再利用叉车库内运行的算法对 F_1 和 F_2 的所行驶的路程长进行求解，最终计算当平均值作为入库货位数为 m，出库货位数为 n 时叉车库内行驶的路程长，即 d_s 与 d_{ns}。具体计算结果见表 4.1 与表 4.3。

表 4.3　入库货位数（m）和出库货位数（n）在不同组合下叉车行驶路程的标准差

管理方案	叉车	$m=3$, $n=3$	$m=5$, $n=8$	$m=8$, $n=5$	$m=2$, $n=11$	$m=15$, $n=10$
不设置环岛单向行车规则	F_1	2.60	0.92	1.00	2.02	0
	F_2	2.67	1.27	1.21	2.07	0.39
设置环岛单向行车规则	F_1	7.47	2.01	1.66	6.21	0.54
	F_2	6.95	2.14	2.40	5.87	0.96

通过数值仿真可得，当仓库内入库货位数量与出库货位数量越多时，叉车行驶距离的方差越小；当仓库内入库货位数量与出库货位数量和相同时，若入库货位数量与出库货位数量的比值越接近 1，则方差越小；在入库货位数量与出库货位数量给定时，设置环岛单向行车规则会使叉车行驶的平均距离增加，且波动性也增加。

为了研究入库点数量与出库点数量所有可能组合情况下的叉车库内行驶平均距离，可对 $\sum_{i=1}^{45} i$ 种情况中的每一种随机选取 50 个仓库货位布设矩阵，并进行遍历计算,进而求得在设置环岛单向行车规则和不设置环岛单向行车规则时,叉车 F_1 和 F_2 在仓库内行驶步长平均值。计算结果显示,当设置环岛单向行车规则时,两叉车行驶路程的方差较大,同时,行驶的平均距离也更长。在这两种情况下,当入库货位数与出库货位数之和越大时,叉车 F_1 和 F_2 的行驶路程将越短。另外,入库货位数与出库货位数的比值越偏离 1,则叉车库内行驶的路程越长。进一步对叉车库内行驶步长随着入库货位数量 m 和出库货位数量 n 变化所变化的趋势进行曲面拟合,可以得出叉车 F_1 和 F_2 的平均步长为

$$A_{s1} = 0.004\,118\,63m^2 + 0.003\,871n^2 + 0.003\,242\,399m \times n - 0.230\,982m - 0.221\,084n + 21.631\,5$$

进一步地,经过多次拟合,可得到叉车 F_1 和 F_2 的平均步长为

$$A_{s2} = 0.010\,037\,5m^2 + 0.010\,152\,3n^2 - 0.538\,743m - 0.542\,281n + 28.199\,9$$

另外,观察设置环岛区域单向行车规则与不设置环岛区域单向行车规则时的效用评价函数可知,当叉车油耗越少,且行驶时间越短,则效用函数值越大。同时,经过调研可得叉车行驶速度与油耗数据,详情见表4.4。

表 4.4　叉车运行主要参数

仓库管理方案	仓库内行驶速度/（米/秒）	仓库内行驶油耗/（升/小时）	仓库外行驶速度/（米/秒）	仓库外行驶油耗/（升/小时）
设置环岛单向行车规则	0.6	3.8	2.7	3.05
不设置环岛单向行车规则	0.5	4	2.7	3.05

进一步,将表4.3中叉车的运行参数代入效用评价函数,可得在设置与不设置环岛单向行车规则两种情况下的效用曲面,如图4.11所示。结果显示,当 (m, n) 取值属于集合 S,即 $S = \{$（1,1）,（1,2）,（1,3）,（1,4）,（1,5）,（1,6）,（1,7）,（1,43）,（1,44）,（1,45）,（2,1）,（2,2）,（2,3）,（2,4）,（2,5）,（2,6）,（2,44）,（3,1）,（3,2）,（3,3）,（3,4）,（3,5）,（4,1）,（4,2）,（4,3）,（4,4）,（5,1）,（5,2）,（5,3）,（6,1）,（6,2）,（7,1）,（8,1）,（44,1）,（45,1）$\}$时,选择不设置环岛单向行车规则效用较高;其余 (m, n) 取值下则应选择设置环岛规则,以达到较高效用。

3. 计算结果分析

上述研究表明,在仓库内存在环岛的情况下,需根据某一时刻仓库内入库货位与出库货位数量来决定是否设置环岛行车规则。通过实际调查和计算得出,若

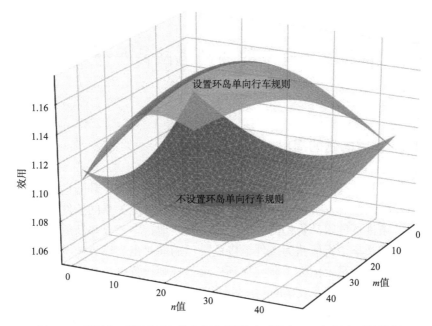

图 4.11　设置与不设置环岛单向行车规则时不同（m，n）组合下的效用

某危险品仓库存在的固定货源总量大于整个危险品仓库容量，则可对这一部分货物单独建立仓库，并进行分区。由于较多情况下危险品货物的周期性及货量并不能满足建立分区仓库的条件，此时若仍对仓库进行分区，则会造成很大的资源浪费，故针对货物灵活性较高的情况，本节通过设计叉车运行规则并进行仿真，发现当入库货位数量与出库货位数量较多时，在本节所研究的十门含有环岛的仓库中设置环岛单向行车规则的效用较高。当入库货位数或出库货位数较少时则应选择不设置环岛单向行车规则，以实现效用最大化。

　　通过实例可以发现，无论是在仓库内，还是在城市道路系统中，设置单行规则往往可以增大行车速度。同时由于某些道路存在单行限制，也会引起一部分车辆的绕行，从而使这部分车辆行驶距离增加。仓库内行驶的叉车与城市交通中的各种车辆有着相似的性质，如车辆油耗在速度值达到某一阈值之前，会随着速度的增加而减少。因此，本节通过将叉车行驶的时间与油耗两者相结合，讨论了危险品仓库中设置环岛单向行车规则与不设置环岛单向行车规则两种方法中的哪一种更加有效。经研究发现，规则的设置与否，与仓库规模、仓库内入库货位与出库货位数量及仓库内的布设方式有着密切的联系，并得出了在一般情况下设置规则时入库与出库货位数量的变化范围，为环岛危险品仓库的高效运营提供理论支撑。

4.2 基于综合效用的环岛危险品平仓仓库分区作业方法

4.2.1 研究问题的提出

在 4.1 节，我们提出了环岛危险品仓库的概念，并研究了环岛危险品仓库中叉车的运行规则问题。本节则在考虑各类危险品存放禁配关系的条件下，研究环岛危险品仓库条件下危险品货位的分区问题。具体地，本节以环岛危险品仓库为研究背景，以多叉车运行线路为条件，以危险品的同时出入库为样本，以安全红线下的安全度计算为重要指标，研究在环岛运行规则设置下，仓库分区规则布设决策及危险品仓库仓储作业效率问题。另外需要指出的是，由于 Ⅰ~Ⅳ 级危险品易燃易爆危险具有猝发且迅速蔓延的特征，故环岛危险品平仓仓库适合 Ⅴ 级及以上类型的危险品[2, 3]。

本节的研究目标是在保证仓库安全系数的前提下，研究仓库分区决策与仓储作业效率的关系。本节重点研究在设置环岛运行规则且仓库分区布设、设置环岛规则但不分区布设两种情况下，当关键变量发生变化时仓储作业的效用比较问题。其中，本节给出的环岛运行规则指只允许叉车在环岛路径区域单向行驶。本节布局及结构如下，4.2.2 节介绍了环岛危险品仓库条件下的叉车多线路运行方案，以及仓库分区与否的利弊；4.2.3 节详细介绍了环岛危险品仓库叉车运行的算法控制和规则控制；4.2.4 节介绍了新提出的主要模型；4.2.5 节通过数值算例具体计算了安全度、效率等重要指标，并得出分区决策方案。

4.2.2 研究问题的定性分析

为了提高仓库的作业效率，减少多辆叉车运行时发生冲突碰撞的概率，本节以环岛危险品平仓仓库为背景，基于环岛布设条件，设立仓库分区管理规则。在设置规则后，叉车在仓库内环岛区域的路径上只能单向行驶，其余路径可双向行驶，从而减少叉车环岛运行时的会车次数。同时，设置出入库分区，将仓库下半部分设置为入库区域，上半部分设置为出库区域，限制叉车单次任务的活动范围，减少叉车运行路程。本节提出的危险品平仓仓库分区效果如图 4.12、图 4.13 所示。为了进一步对危险品仓库的分区决策提供支持，本节对分区决策的决策机理及影响因素进行研究。

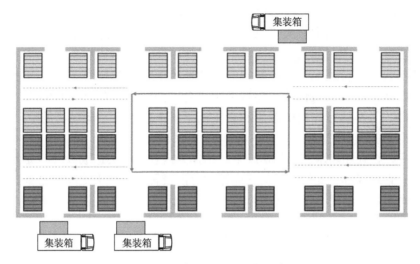

图 4.12　环岛行车规则下实行分区

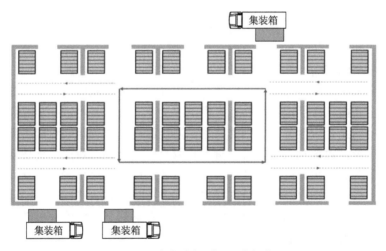

图 4.13　环岛行车规则下不实行分区

在经过实际调查且广泛征集意见的基础上，本节分以下三种情况探讨分区的效用和设置条件。

首先，当在仓储需求较大且不分区的情况下，仅依靠工人自主选择入库货位时，距离入库门近的空位会被优先选取。由于固定货源的仓储周期远大于流动货源的仓储周期，距离入库点近的货位会逐渐被固定货源填满而使叉车进行出入库作业时在仓库内的运行距离大大增加，故仓库运营成本上升，安全性下降。同时，在进行不分区情况下的出库作业时，出库点随机分布在整个仓库中而导致出库叉车运行距离长且会车概率大，增加了仓库的运营成本和安全隐患。

其次，在仓储需求较大且分区的情况下，由于具有危险品的完全信息，可以通过货物进出库时间及货量安排货物货位，实现仓库货物在某一时间段内出库货位与入库货位完全分区的状态。在此环境下，通过合理安排货物的货位来实现叉车运行路径的最优化，缩短叉车在仓库内的运行距离，加快叉车作业速度。同时，叉车运行距离的减少和会车概率的下降，有益于提高危险品仓储作业的安全系数。

最后，在仓储需求较小的情况下，选择分区仓库将会造成极大的资源浪费，并且提升管理成本，此时若仍对仓库进行分区设置，会极大地降低仓库的空间利用率，而不选择分区不仅降低了管理成本，也保证了仓库的空间利用率。

4.2.3　包装危险品环岛平仓仓库货位分区设置思路

1. 环岛平仓仓库货位分区影响因素分析

从环岛危险品仓库设置分区的利弊出发，本节提出了在出库货位数量和入库货位数量不断变化的情况下，根据仓库内实际情况来调整仓库的分区存储规则以达到最优状态的策略，并且以双叉车双集卡入库、单集卡出库的十门环岛危险品仓库为例，来论证危险品仓库分区的存储规则。本节选用以下变量作为分区的主要标准：仓库内入库货位数量和仓库内出库货位数量，并将进一步探究以上两个变量和仓库内是否设置分区规则的关系。通过深度的数理证明可以得到，危险品仓库的出库货位数量和入库货位数量为获取仓库内货物总量的最优变量，而仓库内货物总量为分区决策的决定性因素。可以通过以上两个变量得出仓库内货物周转率，并且根据货物存储周期长度找出最优的存放位置，来实现仓储成本的最小化，以及仓储安全指标的最大化。同时，货物存储时间、危险品周转量为衡量危险品仓库利润的重要标准，以此为自变量得出的成本-效用函数将成为衡量整个危险品仓库运行效率的重要评判标准。

2. 环岛平仓仓库货位分区计算要素分析

首先，我们介绍出入库作业的主要参数。在应用环岛模型及设置环岛运行规则的情况下，设置分区的决策函数为 $y=f(N, m, n)$，其中，N 为二值变量，令 $N=1$ 表示设置分区，$N=0$ 表示不设置分区。入库货位数量为 m，出库货位数量为 n。其中，m, n 为整个分区决策模型的两个基本变量。记叉车为 F，记危险品

仓库的运作成本为 C。在理想情况下，可以将运作成本分成三部分，即货位固定成本 C_r、工人成本 C_w 和叉车运行成本 C_p。记入库危险品数量为 G_{in}，出库危险品数量为 G_{out}，记叉车在仓库外的运行速度为 v_f，行驶距离为 d_{out}，叉车在仓库内的运行速度为 v_s，行驶距离为 d_s。当速度分别为 v_f 与 v_s 时，记叉车在单位时间内，在两种场景下所消耗的燃油分别为 c_f 与 c_s。

其次，我们介绍出入库作业仿真。由于叉车在仓库内行驶方向最多只有四个，具有很强的确定性，故在计算叉车在仓库内行驶的平均最短距离 d_{ns} 的过程中，可通过仿真的方法计算设置环岛单向行车规则下的叉车行驶最佳线路。具体实现步骤如下：

步骤 4.8：将仓库区域均匀划分，使该区域形成一个均匀的网格，同时可得到所有网格线交点的坐标。

步骤 4.9：用矩阵的形式表示仓库布设方式。

步骤 4.10：设置叉车在仓库内的运行规则，若当前所在位置坐标为环岛区域路线坐标点集合的子集，需根据叉车所在环岛路线上坐标点的具体位置限制下一时刻可行驶方向。

步骤 4.11：初始化叉车的入库位置。

步骤 4.12：根据叉车在仓库内的运行规则，找出叉车 F 从入库仓门到出库仓门的所有最短路径，并实时保存。

步骤 4.13：分别检查在每一种路径组合下，同一时刻两辆叉车所在位置是否相同。若不相同，则返回由网格线交点所组成的叉车 F 的路径。

步骤 4.14：经过 n 次迭代后，计算出在入库货位数量与出库货位数量所有可能的组合情形中，每一条作业链中两叉车在库内行驶的平均路程并输出。

需要补充说明的是，步骤 4.10 中设置叉车在仓库内的运行规则的实现方法如下：

步骤 4.15：判断当前位置所连接的步长为 1 的所有网格线交点的状态。

步骤 4.16：判断下一时刻可运行方向（每一时刻叉车行驶步长为 1）。

步骤 4.17：保存该时刻的所有可行路径。

步骤 4.18：根据可行路径上的最新坐标点更新当前叉车所在位置坐标，坐标根据单行方向，限制在环岛区域内下一刻可到达点的坐标。

步骤 4.19：重复上述步骤，直到叉车当前所在位置坐标为出库仓门的位置坐标。

步骤 4.20：结束计算，并给出最短路径。

同时，任意给定的入库货位与出库货位的数量 m，n，可以产生 $C_{46}^m C_{46-m}^n$ 种不同的入库与出库货位作业方式。为了通过有限的计算次数得出叉车的平均行驶距离，设定对于任意给定 m，n 所需要的最小有效计算次数，并通过仿真得出 m，n 所有组合情况下两叉车的平均行驶路程。在此基础上，通过仿真测试及数据拟合，本节得到仓储作业的各项参数。进一步地，任取出入库货位数为 m，出库货位数为 n，即可得到叉车 F_1 和 F_2 在仓库内行驶距离的期望，即

$$A_v' = A \times m^2 + B \times n^2 + C \times mn + D \times m + E \times n + F \tag{4.4}$$

其中，参数 A、B、C、D、E、F 由拟合得到。

4.2.4 包装危险品环岛平仓仓库货位分区决策方法

1. 叉车配速下的仓储作业安全度模型

为了量化危险品仓库的安全概念，本节将安全度定义为函数，并且将该函数的自变量限定为同一时刻两叉车之间的距离、两叉车的重点监控作业时间、叉车作业时货物装卸次数。考虑到当两叉车相距较远时仓库内的叉车相撞概率很小，因此仓库内安全度仅考虑两叉车间距离小于安全红线距离时的安全情况，可得出安全度的关系式为 $\xi = f(d_0, t, d, S)$。其中，d_0 为我们设置的安全红线距离，S 为叉车在仓库内运行路径的长度，d 为重点监控作业状态下两叉车之间的最短路径距离。当 d 小于 d_0 时，叉车从常规监控作业状态进入重点监控作业状态，$t_{\min}$ 为两叉车在重点监控作业状态下的作业时间。

在经过广泛的研究后得出安全度的具体计算方法如下。假定 (t_i, t_{i+1}) 时刻内两叉车距离小于设置的安全红线距离为 d_0，则取该时段下两叉车 F_1 和 F_2 之间的最短路径距离为 d_i，并且对其进行积分，积分下限为进入重点监控作业状态的时间 t_i，积分上限为结束重点监控作业状态的时间 t_{i+1}。通过对多段时间内的距离积分求和，并除以重点监控作业状态的总时间 t，可得到重点监控状态下两叉车间的平均距离，并将其作为仓库的安全度 ξ。具体计算公式为

$$\xi = \frac{1}{t} \sum_{i=0}^{N} \int_{t_i}^{t_{i+1}} d_i d_t \tag{4.5}$$

其中，d_i 表示在 t_i 时刻两叉车之间的距离；t 表示两叉车处于重点作业状态的时间，即 $d_i \leqslant d_0$ 的持续时间。

定义仓库中的货位布局方案集为 $A = \{A_1, A_2, \cdots, A_{N_1}\}$，其中，$N_1$ 表示总布局个数，A_i 表示任意的一种仓库布局。定义每一布局 A_i 下的叉车运行的线路集为 $L_i = \{L_{i1}, L_{i2}, \cdots, L_{iN_1}\}$，其中，$N_1$ 表示布局 A_i 下的总线路个数。根据以往危险品事

故的统计数据得到，危险品的包装泄漏为主要的危险品事故原因，而包装泄漏的主要原因为叉车碰撞。由此可知，在考虑安全度时，还需要统筹考虑叉车在仓库内驶过的距离和两叉车在危险品仓库内的作业范围大小。因此，安全度是关于仓库布局 A 、叉车运行线路 L 和叉车运行速度 v 的函数，定义该函数为

$$\xi = f\left(A_i, L_{ij}, v\right),\ i = f(1, 2, \cdots, N_1), j = f(1, 2, \cdots, N_2) \qquad (4.6)$$

在给定标准安全度的情况下，当仓库布局 A 和叉车运行线路 L 在给定的情况下，可以计算出该种安全度下的叉车运行速度 $v = f^{-1}\left(A_i, L_{ij}, \xi\right)$。考虑到式（4.6）难于直接应用于工程实践，根据工程经验，取 a 为安全因子，其值根据危险品平仓仓库所存储的危险品性质和产生的商业效益综合决定。定义 $v = a \times \xi$，根据 v、a 及 ξ 之间的函数关系可得，在安全度高的情况下可以适当提升叉车速度以提升效率。另外，在相同的安全因子下，取设置分区规则条件下的叉车速度为 v_1、安全度为 ξ_1，不设置分区规则条件下的叉车速度为 v_0、安全度为 ξ_0，得 $v_0 \times v_1^{-1} = \xi_0 \times \xi_1^{-1}$，进一步地，在综合考虑仓库安全度和仓库内叉车行驶速度的情况下，可以得出仓库效率 E 的函数为

$$E = S \times a^{-1} \times f\left(A_i, L_{ij}, v\right)^{-1}, i = f(1, 2, \cdots, N_1), j = f(1, 2, \cdots, N_2) \qquad (4.7)$$

2. 货位适用度模型

在实际情况中，由于仓储企业掌握货物的物流信息，故本节根据货物存储的时间特征，将货物按照存储时间长短排序。根据实际经验可以得出，由于存储周期短的货物流动性强，故存在较为频繁的出入库作业。另外，在叉车行驶速度给定的情况下，行驶成本中最主要的变量是叉车在仓库内行驶的路程 d_s。因此，我们重点研究该路程，并将叉车从入库位置、途经货位至出库位置的路程长度记为该货位的单次作业路程 d_i。易知，若某货位的单次作业路程较长，应当尽量降低对该货位的出入库作业次数，并且令该货位优先摆放长期货物。同理，若某货位的单次作业路程较短，则应当优先选择该货位存放短期货物。为便于研究的方便，本节以货位单次作业路程表征货位长期适用度，并给出其计算公式：

$$s_i = d_i = d\left(P_{T_i}, p_i\right) + d\left(p_i, P_{T_j}\right), i, j \in \{1, 2, \cdots, m\} \qquad (4.8)$$

以十门危险品仓库为例，可以根据式（4.5）给出该类型仓库的货位长期适用度矩阵，进而依据该矩阵，通过迷宫寻迹算法得到每个货位的最短出入库线路。为方便起见，本节记给定危险品货位布设的合理程度为适用度，并记单个货位的适用度为 $\varphi = S \times n \times \alpha$。其中，$\varphi$ 为单个货位适用度，S 为该货位进行一次完整出入库作业时叉车所行走的路程，n 为在该类货位上存储货物的数量，α 为惩罚系

数。考虑到当存储周期较长的货物出现在长期适用度值较小的货位上时影响比存储周期较短的货物出现在长期适用度值较大的货位上的影响度更大，因此，当存储周期较长的货物出现在长期适用度值较小的货位上时，α 可以取值为大于或等于 0.5 的数，而当存储周期较短的货物出现在长期适用度值较大的货位上时，α 可以取值为小于或等于 0.5 的数。进一步地，经过对所有货位进行适用度集成，可得到整个危险品仓库的匹配差异度，记为 $\varphi = \sum (S_i \times n \times \alpha)$。进一步地，通过比较随机摆放时和分区摆放时的匹配差异度，可以得出危险品仓库中货物仓储的合理程度，并以此为指标评判该危险品仓库的效用值。

3. 货位分区下的危险品仓储作业成本模型

在经过实际调查分析后，我们主要将成本 C 分为固定成本和可变成本，则总成本评价函数可表示为 $C = C_r + C_w + C_p$，其中，C_r 主要包括货位地租费用，C_w 主要包括工人工资成本，该两项成本在短期内可视为常值，较易获取。因此，本节将研究集中到叉车行驶成本 C_p。我们以双叉车三集卡为例进行了研究，在环岛单向行车规则下，叉车行驶成本 C_p 由叉车行驶所消耗的燃油及单次出入库作业的时间两个因素决定，故可表示为

$$C_p(m,n) = w_1 \times (c_s + c_f) + w_2 \times \left(\frac{d_s}{v_s} + \frac{d_{\text{out}}}{v_f} \right) \quad (4.9)$$

其中，$w_1, w_2 \in [0,1], w_1 + w_2 = 1$，$d_s$ 为关于入库货位数 m 与出库货位数 n 的函数。

在确定入库货位数 m 与出库货位数 n 的情况下，随机选取入库货位和出库货位的位置，结合叉车出入库的运行步骤，计算出每种情况下叉车在仓库内行驶的最短距离 d_s。另外，由于叉车完成一次出入库作业后需返回入库集卡所在的入口，从而进行下一次作业，故我们通过入库集卡与出库集卡的位置计算叉车在仓库外行驶的最短距离 d_{out}。其可表示为

$$d_s = d_{\text{in}} = \min \left[d(P_{T_i}, p_{i_1}) + d(p_{i_1}, q_{j_1}) + d(q_{j_1}, P_{T_j}) \right] \quad (4.10)$$

其中，$i_1, i_2 \in M, j_1, j_2 \in N$。另外，叉车在仓库外行驶的最短距离 d_{out} 可表示为 $d_{\text{out}} = d(P_{T_1}, P_{T_2})$，在一般情况下，叉车行驶的速度会影响到叉车的油耗，且叉车在仓库内行驶时，行驶速度越慢，单位时间所消耗的油料越多。因此，通过设置环岛单向行车规则，叉车可以避免会车时的减速，从而可得 $v_s > v_{\text{ns}}$，且 $c_s < c_{\text{ns}}$。同时，设置环岛行车规则可能导致叉车在仓库内行驶的距离增加，因此当 $d_s > d_{\text{ns}}$，$v_s > v_{\text{ns}}$ 时可通过比较效用变化函数中第二项的大小来确定哪种方式可获得最高效率。

4. 基于仿真数据的多属性决策模型

根据我们前面讨论的要素可以得到，危险品仓库的综合效用可定义为 $U = f(c_1, c_2, E)$，其中，c_1 为仓库短期成本，c_2 为仓库长期成本，E 为仓库运作效率。由于仓库效用和成本呈负相关，和效率呈正相关，故设置与不设置分区规则的综合效用函数定义如下。首先，分区时仓库综合效用为

$$U_1 = 1 - \left[w_1 \times c_{11} + w_2 \times c_{12} + w_3 \times (1 - E_1) \right]$$

不分区时仓库综合效用为

$$U_2 = 1 - \left[w_1 \times c_{21} + w_2 \times c_{22} + w_3 \times (1 - E_2) \right]$$

令 $U_1 - U_2 > 0$，可得

$$(c_{11} - c_{21}) \times w_1 + (c_{22} - c_{12}) \times w_2 + (E_1 - E_2) \times w_3 > 0 \tag{4.11}$$

令 $U_1 - U_2 < 0$，可得

$$(c_{11} - c_{21}) \times w_1 + (c_{22} - c_{12}) \times w_2 + (E_1 - E_2) \times w_3 < 0 \tag{4.12}$$

至此，根据式（4.8）可得选择仓库分区时的决策偏好空间，根据式（4.9）可得选择仓库不分区时的决策偏好空间。

4.2.5　五个房间条件下环岛危险品仓库货位分区算例

本小节我们利用长三角常见的危险品仓库实际参数，以五个房间的包装危险品环岛平仓仓库为实例，对比研究设置分区与不设置分区的决策条件。

1. 仓库安全度计算

首先，我们给出仓库安全度计算算例。为了安全度结果的可靠性，我们以 $m = 2, n = 2$ 为给定参数，随机选择出入库货位进行安全度算例计算。通过仿真计算可得两叉车之间的距离随时间变化的规律。仿真结果显示，设置分区规则与否对于安全度不产生显著影响。同时，通过计算出在设置与不设置分区规则下的安全度方差，可以得到在设置分区规则时，仓库安全度方差为 0.238；当不设置分区规则时，仓库安全度方差为 1.125。

其次，结合仿真计算所得数据，根据效率比的数学模型，对分区设置与否的效率比值 λ 进行计算。通过对不同的入库货位数 m 和出库货位数 n 的情况进行仿真计算可得，不分区时对应的安全度期望 $\overline{\xi}_0 = 1.767$，分区时对应的安全度期望 $\overline{\xi}_1 = 1.676$，进而得到分区与否的安全度比值为 0.948。同理，通过仿真计算结果进

行数值分析可得，不分区时对应的路线长度期望 $\bar{s}_0 = 1547.537$。分区时对应的路线长度期望 $\bar{s}_1 = 1619.306$。进而得到分区与否的路线长度比值为 1.046。在此基础上，计算出分区与否的效率比值为 $\lambda = 0.99$。

2. 仓储成本及适用度计算

为了使研究具有一般性，并且保证求得的叉车行驶平均路程更为准确，我们同样选取第 4.1.4 节的数据进行计算，得到入库货位数与出库货位数的不同组合下，分区与不分区环境下的适用度和路程方差详见表 4.5。

表 4.5　入库货位数（ m ）和出库货位数（ n ）在不同组合下分区与不分区的适用度和路程方差

指标	适用度	行驶距离
设置分区管理规则方差	2.6	0.92
不设置分区管理规则方差	7.47	2.01

通过表 4.5 可以看出，当出库货位与入库货位数量较多时，迭代次数在 10 至 50 间变化对最终计算叉车平均距离的准确度影响基本相同。当入库货位与出库货位数量较少时，在每一个迭代次数下经过 10 次实验所计算出的叉车 F_1 和 F_2 平均行驶距离的标准差在迭代次数为 50 时已经足够小。因此我们将对入库货位与出库货位个数的所有组合情况进行 50 次迭代，从而获得 50 个不同的输入矩阵，再利用叉车库内运行的算法控制模型对每个矩阵中叉车 F_1 和 F_2 所行驶的路程长进行求解，最终计算平均值作为当入库货位数为 m，出库货位数为 n 时叉车库内行驶的路程长 d_s。

根据表 4.5 可以得出，当仓库内入库设置分区时，叉车行驶距离的方差较小，且仓库长期适用度方差更小。为了对入库点数量与出库点数量所有可能组合情况下叉车库内行驶平均距离进行求解，可应用上述方法，对 $\sum_{i=1}^{45} i$ 种情况中的每一种情况随机选取 50 个仓库货位布设矩阵，进行遍历计算，分别求得在设置分区管理规则和不设置分区管理规则时，叉车 F_1 和 F_2 库内行驶步长值和仓库匹配差异度，详情见图 4.14~图 4.17。

通过图 4.14~图 4.17 可以看出，在不设置分区管理规则的情况下，包装危险品环岛平仓仓库数据波动性较大，即仓库管理的可控性较差；而当设置分区管理规则时，仿真数据结果波动性较小，即仓库管理的可控性较好。

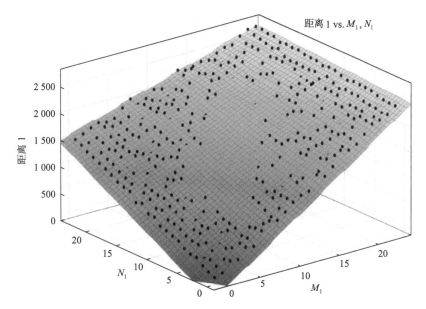

图 4.14 设置仓库分区管理规则后叉车的实际行驶距离

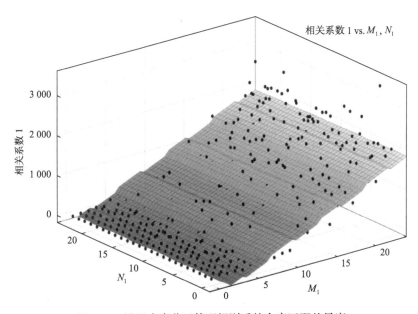

图 4.15 设置仓库分区管理规则后的仓库匹配差异度

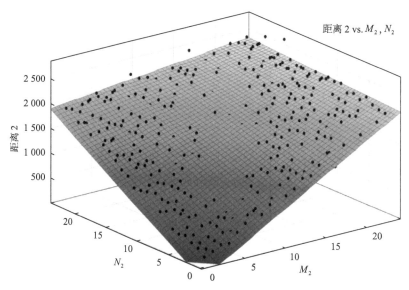

图 4.16 当不设置分区管理规则时叉车实际行驶距离

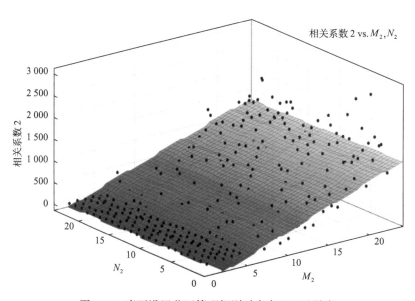

图 4.17 当不设置分区管理规则时仓库匹配差异度

3. 基于仿真数据的多属性决策模型

根据式（4.11）和式（4.12）得平面 $U_1 - U_2 = 0.571w_1 - 0.088w_2 - 0.01$。通过求该平面与 $x0y$ 平面的交线方程可以得出，当 $0.571w_1 - 0.088w_2 > 0.01$ 时，选择分区

设置可以使危险品仓库的效用更大，当 $0.571w_1 - 0.088w_2 < 0.01$ 时，选择分区会降低危险品仓库综合效用，造成资源浪费。分区与不分区的进一步比较见图4.18~图4.20。继而，我们得到了支持危险品仓库不设置分区的决策偏好空间（见图 4.21 中的 D_1），以及支持设置分区的决策偏好空间（见图 4.21 中的 D_2）。

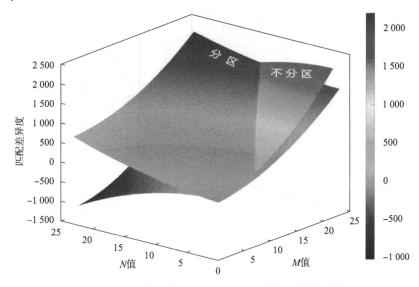

图 4.18　当设置分区与不分区时的匹配差异度比较

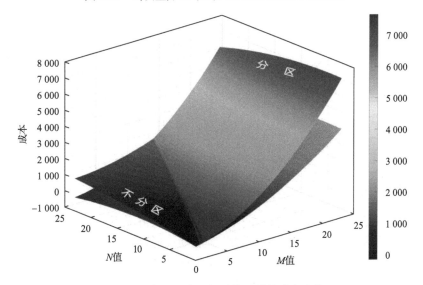

图 4.19　当设置分区与不分区时的成本比较

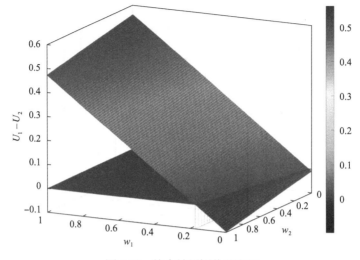

图 4.20　综合效用评价基准面

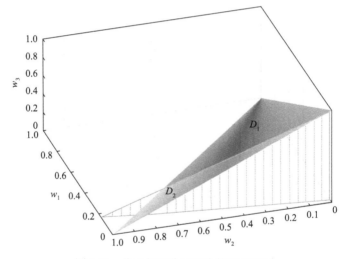

图 4.21　分区与不分区的决策偏好空间

4. 计算结果分析

上述研究表明，在仓库内存在环岛行车规则的情况下，危险品仓储企业需根据当期包装危险品出入库数量来设置分区规则。通过实际调查和计算得出，若某危险品仓库出库货物较多，则不应对仓库进行分区；当包装危险品仓库入库货物较多时，则应对仓库实行分区。同时，我们通过实例得到以下四个结论。

第一，当库内当期入库货位数量小于出库货位数量，且企业根据自身经营经验得出后续危险品存储量较小时，选择分区可使仓库短期运营成本下降。

第二，当库内当期入库货位数量小于出库货位数量，且后续危险品存储量较大时，选择不分区以保证库内适用度差值较小，进而降低仓库长期运营成本。

第三，当库内当期出库数量小于入库货位数量，且企业根据自身经验得出后续危险品存储量较大时，选择不分区可使仓库短期运营成本下降。

第四，当库内当期出库数量小于入库货位数量，且后续危险品存储量较小时，选择分区可降低仓库内货物适用度差值，从而降低长期成本。

汇总上述四个结论可知，当面临分区抉择时，仓库可结合自身财产状况、经营理念等，参考综合效用评价函数和长短期成本，选择有利的分区、不分区决策，完成成本、效率优化，实现对危险品仓储的帕累托改进。通过实例进一步发现，与常规仓库相比，包装危险品仓库对安全有更高的要求。为了统筹兼顾危险品出入库作业的安全、效率、成本等因素，我们以设置叉车环岛运行规则为研究背景，以最优化理论和新提出的成本计算公式为工具，研究了包装危险品环岛平仓仓库的分区设置问题，并通过数值仿真，得到了环岛平仓仓库货位分区的四个结论。本节考虑了行业仓储需求及货物储存时间周期等因素，在保证安全的前提条件下为不同的仓储客户提供针对性服务，为环岛平仓仓库提供技术支持。本节在实践中的最大创新点是给出了危险品出入库作业时的叉车运行安全度公式，并且给出了在安全红线设置下的安全度计算方法；本节在理论上的最大创新是将迷宫寻径算法与效用理论结合起来研究危险品出入库问题。最后，本节利用在长三角调研中得到的危险品仓库参数，以双集卡入库、单集卡出库为实例，结合仿真技术，验证了新提出理论的有效性和可行性。同时，在实际作业中，为了最大化危险品仓库安全度，可以在叉车进入安全红线范围内时，对于叉车司机进行减速和避让提示，进一步降低危险品仓库中出现事故的概率。

4.3　本章小结

为了进一步实现危险品仓库的多样化，本章提出了环岛危险品仓库的概念，并从运行规则、仓库布局两个角度对环岛危险品仓库进行了研究。本章取得的主要结论如下。

通过 4.1 节的研究，我们主要得到如下三点结论。第一，通过设置动态隔离墙，可以实现多通道危险品仓库建设，为动态布设危险品提供了可能。第二，在多运行通道条件下的环岛危险品仓库出入库活动中，叉车的运行方案主要可以归纳为设置运行规则或设计叉车运行算法两种情况。第三，在环岛危险品仓库中是否设置运行规则，取决于具体出入库活动的效率与出入库成本。该问题可以通过建立最优化模型，进而利用启发式算法解决。

通过 4.2 节的研究，我们主要得到如下三点结论。第一，在环岛危险品仓储活动中，从空间的角度讲，危险品仓库管理主要有设置分区管理规则和不设置分区管理规则两种类型。第二，该节给出了环岛危险品仓储作业的安全红线概念，并得出了安全红线条件下的安全度公式。第三，该节在理论上的最大创新是将迷宫寻径算法与效用理论结合起来研究危险品出入库问题。

本章研究表明，与互通危险品仓库相比，在环岛危险品仓库中叉车有更多的运行线路选择。环岛危险品仓库的结构设计为仓库的运营带来了各种优势，具有很高的价值。通过互通危险品仓库与环岛危险品仓库的搭配使用，并结合消防及管理知识，我们将形成更多的危险品仓库结构布设方案。

第5章　多类型危险品平仓仓库仓储需求管理

客户需求是危险品仓储企业存在的唯一理由，所有客户的个体仓储行为聚集为仓储行业的仓储需求。当前，我国的危险品仓储供给远远落后于仓储需求，且仓储类型单一，难以满足客户的多样化仓储需求。为了在当前有限的仓储资源条件下使仓储需求和仓储供给达到平衡，促进我国危险品仓储行业的发展，我们应该主动加大仓储需求管理，改变被动的仓储供需关系。由于我国土地资源越来越稀缺，大规模的危险品仓库建设已经不可能实现。在仓储需求近期很难被替代的情况下，对仓储市场进行精细化分类，增加仓储方案选项，为不同类型的客户提供针对性更强的服务，已成为一项非常重要的仓储需求管理手段。特别是对仓储作业时效性较强的客户，由于这类客户对仓储价格的敏感性较低，我们通过互通危险品仓库和环岛危险品仓库实施以价格换效率，为该类客户提供优先权，推进仓储资源的更有效配置。

从根本上讲，客户的多样化仓储需求决定了危险品仓库的几何结构多样化前景。在以客户为中心的仓储企业竞争中，危险品仓库几何结构的差异化是每一个仓储企业需直面的必考题。通过电动隔离门的设置，本章为危险品仓库开辟了一条实现差异化的道路。在危险品仓库几何结构差异化的条件下，本章研究了不同仓储需求的管理问题，为互通危险品仓库和环岛危险品仓库的运营提供智力支持。具体地，本章提供了两个研究危险品仓储需求的案例。首先，本章从不确定决策的角度研究了压仓条件下的危险品仓库出入库作业问题。其次，本章从经济学的角度研究了仓储货位动态布设条件下的危险品仓储成本计算问题。通过压仓条件下仓储作业问题的研究，我们给出了最特殊最困难环境下的仓储企业作业方案。通过不同类型危险品仓库作业成本的计算结果，我们理清了不同类型仓库的特点，进而根据客户特点为客户提供个性化服务。本章各节主要研究内容如下。

5.1节分析了现阶段国内外危险品仓储管理现状，并指出了常规双门危险品平仓仓库、四门危险品平仓仓库、互通危险品平仓仓库及环岛危险品平仓仓库的特点，以及它们的环境适用性，以供不同类型的仓储企业选择使用。四门危险品仓库在内在逻辑上是相通的。四门危险品仓库可以通过隔离门的使用由互通危险品仓库得到，常规双门危险品仓库可以通过隔离门的使用由四门危险品仓库得到，互通危险品仓库可以通过隔离门的使用由环岛危险品仓库得到。四种危险品仓库没有优劣之分，只有特点的不同。

5.2 节研究了仓库货位动态布设条件下存在的多种布设方案，并计算了各布设方案的综合成本。通过综合成本的计算，仓储企业可以根据客户的特点提供更加个性化、针对性更强的服务，进而提高仓储企业的市场生存能力。

5.3 节研究了压仓环境下的仓储问题。该节分析了压仓条件下改变仓库布局所衍生耗时的不确定性及两类机会成本的级联放大特性，进而将特定环境下的危险品出入库作业分为两个层次，并分别建立了考虑效率、安全、直接成本、直接机会成本的一级出入库方案优选模型，以及考虑效率、安全、直接成本、直接机会成本和间接机会成本的二级出入库方案优选模型。该节的最大特色是将效率、安全和成本纳入统一的决策框架，为临时货位的使用提供决策支持。

5.4 节为本章小结。

5.1　危险品仓储管理分析及仓库的多样化建设

由于相关研究较少，为了做好危险品仓储需求管理的研究，我们调研了国内外的仓储政策，并重点关注了国内外对仓储需求方面的一些零散认识。在这些零散认识的基础上，结合我们前期对危险品仓库几何结构的研究，提出并研究了危险品平仓仓库仓储需求管理问题。为叙述的方便，我们先介绍国内外关于危险品仓储管理的一些特点及相关管理政策。

5.1.1　国内外危险品仓储管理现状分析

1. 我国危险品仓储管理现状

在广泛调研的基础上，我们对中国危险品仓储需求管理的现状形成了如下认识。

第一，现阶段危险品仓库供给短缺且库型单一，难以满足国内仓储市场的需求。

危险品是人们生产、生活中不可或缺的资源。随着我国经济的不断发展，以及人民群众生活质量的不断提高，国内市场对危险品的需求逐年增加。由于我国危险品仓库的缺口在 20%左右，某些城市和化工产业发达地区更是达到 30%以上，客户的仓储需求难以得到满足，甚至部分客户选择危险品异地仓储或者找寻"黑仓库"渠道，或者退而求其次，降低对安全的要求，将危险品放在自家并不符合危险品仓储规范的仓库。这些方法在表面上解决了客户的仓储需求，实际上却增加了发生事故的风险，以及客户危险品仓储的机会成本。

第二，现阶段在危险品仓储需求管理中一刀切现象严重，缺乏对客户的针对性服务。

当前，我国危险品仓储需求的增长非常迅速，且仓储需求日益呈现出多样化、差异化、个性化。与此同时，我国的危险品仓库形式单一、服务单一、增值服务较少、创新较少，缺乏客户仓储需求的针对性服务。现阶段，大数据、云计算、人工智能、机器学习、物联网等技术的出现不断颠覆人们的生活方式，客户仓储需求的时效性、多样性与过去相比发生了天翻地覆的变化。为了更有针对性地满足客户的仓储需求，社会需要仓储企业推出更多的仓储方案。

第三，我国危险品仓库仓储需求管理的现代化水平偏低。

目前，我国危险品仓储业现代化水平不高，主要表现如下五个方面。一是我国危险品仓储业的现代经营理念不高，重经营轻管理、重效益轻服务、重经验轻技术、重眼前轻发展的经营理念仍然存在，在很大程度上制约了向现代化发展的速度。二是危险品仓储业的管理手段不够先进，相当一部分企业在管理上依赖经验，缺乏标准化运作程序和智能化管理手段。三是我国的仓储设施不足、设备落后、机械化自动化水平不高，特别是一些老企业在这方面的差距更为明显，手工作业和体力劳动比重较大，难以适应高速发展的要求。四是国内危险品仓库几何结构设计落后，以平仓仓库为主，投入空间成本高，仓库效率低下。目前我国危险品仓库的主要类型及各类型的占比见表 5.1。五是国内仓储业的信息化管理水平不高。目前我国危险品仓储业只有少数企业实现了信息网络管理，大多数企业信息管理水平不高，个别企业还没有建立自己的信息管理系统，严重影响了企业向现代物流发展的速度。

表 5.1　国内危险品仓库类型表

名称	所占比例	特征
平仓仓库	50%以上	造价低廉，作业方便
储罐仓库	38%左右	发展速度较快
立体仓库	5%左右	符合现代仓储需要
货棚	3%左右	多建于车站、码头和中转库
堆场	3%左右	以化工原料为主

续表

名称	所占比例	特征
楼仓	0.5%	数量较少
地下、半地下仓库	0.5%	数量较少

第四，有关危险品仓储的行业标准条例有待完善。

危险品仓储业是一个相对独立的产业，在向现代化、专业化标准发展的过程中，它的独立性、专业性、特殊性越发突出。然而，目前我国危险品仓储业缺少自身专业标准，缺乏发展规划。

2. 国外危险品仓储管理现状

首先，我们介绍美国在加强危险品风险预测和预防方面的经验。美国对于危险品实行了严格的风险管理计划条例，具体步骤如下：如果装置在生产过程中含有的危险有害物质多于 140 磅（1 磅≈0.453 6 千克），那么必须执行危险品风险管理计划条例。该条例集中于降低有害化学物质暴露于社区带来的风险，同时将对环境的破坏后果减少到最小。风险管理计划条例需要对装有危险化学品的容器进行识别，并分析这些化学物质对周围社区的风险程度大小。风险管理计划条例主要包括事故原因分析、危险化学品的意外释放事故的历史记录、事故调查报告、预防事故发生的措施、危险化学品意外泄露的应急预案等[153]。

其次，我们介绍英国在加强危险品规划管理方面的经验。英国危险品的管理部门主要由英国环境食品和乡村事务部、健康与安全执行局、环境署等十几个机构组成，在化学品的不同生命阶段扮演不同的管理角色。英国政府对于危险化学品规划的承诺是力争实现有效保护环境、谨慎使用自然资源、保持经济快速稳定增长、充分就业四个目标[153]。

最后，我们介绍加拿大在加强化学品管理与立法方面的经验。加拿大化学品安全管理法令体系由联邦和省的法令组成。联邦法律主要有危害物品法令、危害物品管理条例、危害物品成分报告条例、危害物品资料审核法令、危害物品资料审核条例等。危害物品法令和危害物品管理条例规定，化学品销售单位或进口危险化学品单位，必须为使用化学品者提供符合标准的化学品安全标签。危害物品成分报告条例列出 1 736 种有害化学品，只要一种化学品物质的有害成分是 1 736 种有害化学品之一，并且超过所列规定的浓度，相关部门就认定该化学品为有害物品，并给出符合标准的化学品安全标签[154]。

3. 中国危险品仓储现行政策

为准确掌握危险品仓储行业发展现状，预判仓储行业的发展趋势，了解我们所处的政治环境至关重要。基于此，我们对我国国家层面的危险品仓储政策进行了汇总整理，整理结果见表 5.2。我们对上海市危险品仓储相关政策进行了汇总整理，整理结果见表 5.3。

表 5.2　国家层面危险品仓储政策汇总

文件	内容
《"互联网+"高效物流实施意见》	支持物流企业建设智能化立体仓库,应用智能化物流装备提升仓储、运输、分拣、包装等作业效率和仓储管理水平;推动仓储设施从传统结构向网络结构升级
《促进大数据发展行动纲要》	支持企业开展基于大数据的第三方数据分析发掘服务、技术外包服务和知识流程外包服务;鼓励企业根据数据资源基础和业务特色,积极发展互联网金融和移动金融等新业态;推动大数据与移动互联网、物联网、云计算的深度融合,深化大数据在各行业的创新应用,积极探索创新协作共赢的应用模式和商业模式
《关于进一步推进物流降本增效促进实体经济发展的意见》	依托互联网、大数据、云计算等先进信息技术,大力发展"互联网+"车货匹配、"互联网+"运力优化、"互联网+"运输协同、"互联网+"仓储交易等新业态、新模式;结合国家智能化仓储物流基地示范工作,推广应用先进信息技术及装备,加快智能化发展步伐,提升仓储、运输、分拣、包装等作业效率和仓储管理水平,降低仓储管理成本
《大数据产业发展规划(2016-2020年)》	加快大数据服务模式创新,培育数据即服务新模式和新业态,提升大数据服务能力,降低大数据应用门槛和成本;提升第三方大数据技术服务能力;推动大数据技术服务与行业深度结合,培育面向垂直领域的大数据服务模式
《关于促进中小企业健康发展的指导意见》	推进发展"互联网+中小企业",鼓励大型企业及专业服务机构建设面向中小企业的云制造平台和云服务平台,发展适合中小企业智能制造需求的产品、解决方案和工具包,完善中小企业智能制造支撑服务体系

表 5.3　上海市危险品仓储政策汇总

文件	内容
《上海市大数据发展实施意见》	推动本市大数据产业基地建设,培育和引进一批具有自主知识产权和技术创新能力的产品研发和应用服务型企业,增强大数据骨干企业辐射带动作用。加强协同创新,推动核心芯片、高性能计算机、传感器、存储设备、网络设备、数据仓库、智能分析、数据可视化等软硬件产品的研发与产业化,形成一批垂直领域大数据应用解决方案
《上海市推进"互联网+"行动实施意见》	搭建互联网创新宣传平台,培育树立一批上海"互联网+"企业产品和服务品牌,提升企业核心竞争力;引导银行、基金、小额贷款等各类金融机构加大对本市"互联网+"产业的金融支持力度;鼓励本市高等院校、科研院所与互联网企业合作,建立"互联网+"人才实训基地,开办"互联网+"行业转型升级高级研修班
《上海市信息化建设和应用专项支持实施细则》	推动大数据应用和产业发展。支持数据来源明确、以数据资源深度挖掘、融合利用为特色,对提高效率、降低成本,社会治理创新,产业转型提升,关键技术突破等作用明显的重点领域大数据示范项目

5.1.2　四类危险品平仓仓库的使用特点比较

通过对危险品平仓仓库各房间之间墙体的再设计,我们设置了电动隔离门,依次提出了四门危险品平仓仓库、互通危险品平仓仓库及环岛危险品平仓仓库。截至目前，我们总计有四种危险品仓库可供使用，即常规双门仓库、四门危险品仓库、互通危险品仓库及环岛危险品仓库。通过前面各章的内容可以看出，当四门危险品仓库之间的隔离门关闭时，四门危险品仓库将变形为常规双门危险品仓库，当互通危险品仓库的部分隔离门关闭，各房间只按奇数顺序保留部分隔离门开放时，互通危险品仓库将变形为四门危险品仓库。当环岛危险品仓库的部分隔离门关闭，各房间只保留一个隔离门开放时，环岛危险品仓库将变形为互通危险品仓库。通过分析可以得出，四种危险品仓库不是完全割裂、完全独立的，四者之间通过隔离门有内在联系。进而，我们可以将四种危险品仓库看作素材，通过合理使用隔离门构建出多种新结构的危险品仓库。通过对四种仓库的特点分析，我们将能更好地使用隔离门，进而为仓储客户提供更加个性化的服务。

从危险品仓库作业效率的角度分析，环岛危险品仓库与互通危险品仓库相比，提供了更多的叉车运行通道，互通危险品仓库与四门危险品仓库相比，提供了更多的叉车运行通道，四门危险品仓库与常规双门危险品仓库相比，提供了更多的叉车运行通道。就一般情况下的危险品出入库而言，在叉车运行线路长度的比较中，环岛危险品仓库可以提供的最短叉车路径较互通危险品仓库短，互通危险品仓库可以提供的最短叉车路径较四门危险品仓库短，四门危险品仓库可以提供的最短叉车运行路径较常规双门仓库短。因此，当叉车出入库作业时，在叉车运行线路灵活度的比较中，环岛危险品最灵活，互通危险品仓库次之，四门危险品仓库再次之，常规双门仓库最差。这也就意味着环岛危险品仓库的出入库作业效率最高，互通危险品仓库次之，四门危险品仓库再次之，常规双门仓库最低。

从危险品仓库运营成本的角度分析，由于隔离门的设置需要占用货位的空间，将原货位位置设置为通道，环岛危险品仓库的平均货位消耗场地面积最高，互通危险品仓库次之，四门危险品仓库再次之，常规双门仓库最低。另外，为了维系仓库的运营，环岛危险品仓库需要设置的隔离门最多，互通危险品仓库设置的隔离门较少，四门危险品仓库需要设置的隔离门更少，常规双门危险品仓库需要设置的隔离门数量最少。综合考虑土地成本及隔离门设置费用可以得出，对于每个房间的危险品仓库而言，环岛危险品仓库的运营成本最高，互通危险品仓库次之，四门危险品仓库再次之，常规双门危险品仓库的运营成本最低。

从危险品仓库安全管理的角度分析，在叉车出入库作业时，常规双门危险品仓库的叉车运行线路单一，基本没有影响叉车运行的冲突点，四门危险品仓库有较少的冲突点，互通危险品仓库的冲突点较多，环岛危险品仓库的冲突点最多。因此在出入库作业压力不大的时候，常规双门仓库的冲突点最少，一般情况下不会发生叉车碰撞或擦碰。四门危险品仓库的冲突点较多，发生叉车碰撞或擦碰的概率增加，互通危险品仓库的冲突点比四门危险品仓库的更多，发生叉车碰撞或擦碰的概率更高一些，环岛危险品仓库的冲突点最多，发生叉车碰撞或擦碰的概率最高。另外，在出入库作业压力增大的时候，当亟须提高出入库作业效率的时候，常规双门仓库中的叉车没有线路选择权，只能增加叉车运行速度及装卸、包扎步骤的速度，在追求速度的时候会出现作业意外或事故的概率。与之对比的是，四门危险品、互通危险品仓库及环岛危险品仓库中的叉车运行线路较多。在这三种新型危险品仓库中，可以通过优化叉车运行路线来提高作业效率，这就减低了装卸、危险品包扎等环节作业的时间压力，不降低出入库作业的安全水平。综合考虑冲突点及作业环境两方面的因素来看，为了完成相同的仓储作业任务，当出入库作业的时效性要求不高时，常规双门仓库的安全水平最高，四门危险品仓库次之，互通危险品仓库再次之，环岛危险品仓库最低；当出入库作业的时效性增强时，三种新型危险品仓库的效率优势开始显现。随着仓储作业的时效性增强，常规双门仓库的安全水平下降最快，四门危险品仓库次之，互通危险品仓库再次之，环岛危险品仓库的安全水平下降幅度最小。

从危险品仓库的智能化建设角度分析，由于环岛危险品仓库设置了最多的隔离门，产生了最多的叉车运行通道，故其最适于智能化管理。通过智能化管理隔离门及叉车，可以针对每一单危险品仓储任务生成多种危险品仓储方案，进而利用智能算法来确定对该单任务最优的隔离门使用方案、货位使用方案及叉车运行线路。同时，互通危险品仓库中的隔离门数量和叉车运行线路比在环岛危险品仓库中少，四门危险品仓库的更少，常规双门仓库中最少。因此，环岛危险品仓库为危险品仓库的智能化建设提供了更多的物理基础，互通危险品仓库次之，四门危险品仓库再次之，常规双门危险品仓库提供的物理基础最少。综合上述分析可知，常规双门危险品仓库更适于在生产力水平较低，仓储作业时效性较弱的环境下使用；环岛危险品仓库更适于在生产力水平较高，仓储作业时效性较强的环境下使用，而四门危险品仓库和互通危险品仓库则兼有双门危险品仓库和环岛危险品仓库的部分优点及部分缺点。考虑到我国现在处于发展中国家的现实，以及我国仓储客户的多样化，仓储企业可以根据客户的特点选用合适的危险品仓库类型。

为了量化上述分析结构，5.2 节将根据作业仿真计算各主要仓库的作业成本，5.3 节将分析对仓储企业的发展最重要的作业环境，即压仓环境下的货位设置决策方法。

5.2　各类型危险品仓库仓储成本计算方法

5.2.1　研究问题的提出

近年来，随着危险品货物运输量的增长，如何在保证安全的前提下提高危险品仓库的运作效率成为物流企业十分关注的问题。目前，我国的危险品仓库大多为平仓仓库，且采用双门设计。然而，随着社会的不断发展，传统的双门仓库由于效率较低，已经不能满足日益增长的货量所带来的需求。基于此，本节将依靠最新的建筑材料，通过在危险品仓库各房间之间布设电动隔离门，来实现仓库单元间的互通，进而为提高危险品仓库的仓储效率奠定物理基础。特别地，本书所研究的新型危险品仓库中的隔离门仅在叉车通过时打开，其他时间均关闭，并且在这种类型的仓储中主要存放除第一类危险品（爆炸品）之外的各类危险品，以此保证危险品仓储的安全性。针对第一类危险品（爆炸品）的情况，仓储企业需要根据爆炸品的特点建设专门的防爆仓库。隔离门的使用为危险品仓库货位的动态布设创造了条件。然而，现阶段针对危险品仓库电动隔离门设置方案的评估缺乏有效的方法。鉴于此，为促进危险品仓库电动隔离门设置方案的评价，本节研究了以常规双门危险品仓库的各项参数为基准，以运营成本、机会成本、运营效率三个关键变量为指标，通过构建效用评价模型，计算各种仓储方案的经营成本。本节主要用到了最优化理论[25, 26, 33]、统计理论[63]及模拟仿真[81, 117]等方面的知识，具体技术路线见图5.1。

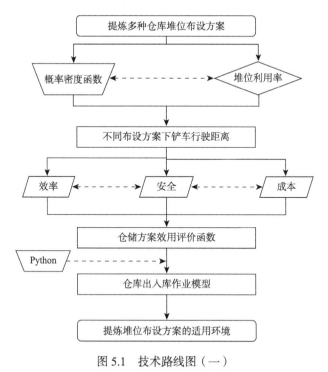

图 5.1 技术路线图（一）

5.2.2　动态布设危险品货位的前提与思路

为了研究的方便，在本节所研究的危险品仓库样本中共给出五个房间。方便起见，将每个房间记为一个单元，则仓库中从左至右分别为第 1 单元至第 5 单元，单元编号及仓库内货位的行列编号如图 5.2 所示。为实现仓库各个单元之间的互通设计，需要在仓库中相邻两个单元间设置电动隔离门且数量至少为 4 个。在设置隔离门的条件下，仓储企业可以通过货位的动态布设为客户提供多种仓储方案。为了对货位动态布设的情况做进一步阐述，本节给出了 6 种货位布设方案，详情见图 5.3~图 5.8。

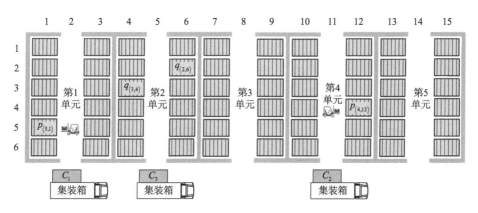

图 5.2　危险品仓库货位的行列编号

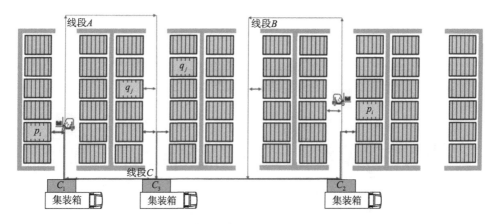

图 5.3　危险品仓库货位的动态布设方案一

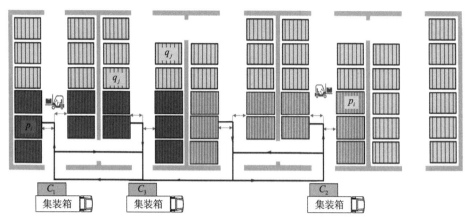

图 5.4 危险品仓库货位的动态布设方案二

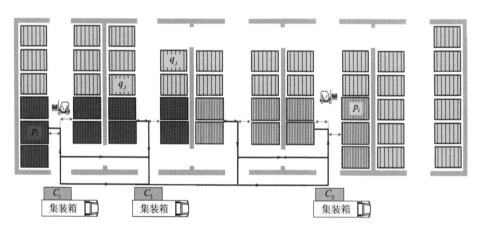

图 5.5 危险品仓库货位的动态布设方案三

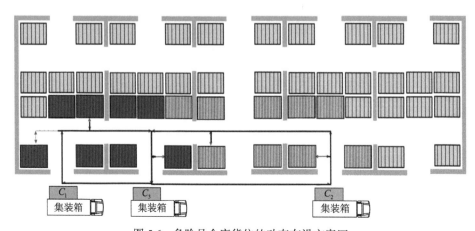

图 5.6 危险品仓库货位的动态布设方案四

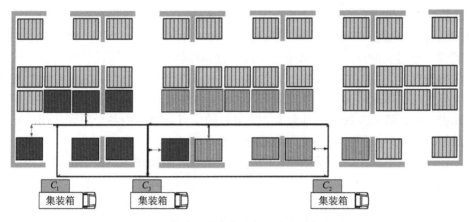

图 5.7　危险品仓库货位的动态布设方案五

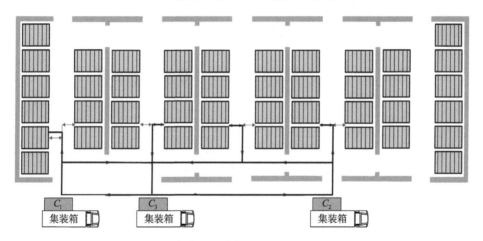

图 5.8　危险品仓库货位的动态布设方案六

在图 5.3~图 5.8 的 6 种货位布设方案中，图 5.3 为传统的危险品仓库布设模式，该模式主要用于与其他五种新提出的布设方案做对比，为最终可分配利润部分的计算提供基础。其中，线段 A 表示对集卡 C_1 进行入库作业，对集卡 C_3 进行出库作业的叉车行驶的路线，线段 B 表示对集卡 C_2 进行入库作业，对集卡 C_3 进行出库作业的叉车行驶的路线，线段 C 表示当叉车不需要经过仓库上半部分绕路行驶时所行走的路径。布设方案二（图 5.4）至方案五（图 5.7）中深色及浅色区域所标注的货位将主要用于 5.2.4 小节的概率计算。布设方案二（图 5.4）至方案六（图 5.8）中黑色加粗线段表示叉车不需要经过仓库上半部分绕路行驶的情况下，所有可能行驶路径长度的平均值。在这 6 种货位布设方案中，方案二的仓库空间利用率最高，单元与单元之间需要进行打通并设置隔离门的数量较少，但由于叉车库内行驶路线较为曲折，故该种情况比较适合双侧出入库作业。针对方案二的货位布设方式，为减少叉车仓库内长距离绕行，可通过增加单元与单元之间电动隔离门的数量来实现单元间互通性的增强，减少叉车长距离行驶的可能性。方案四与方案五的优势在于叉车仓库内行驶路线转弯较少，因此叉车行驶时可适当提高速度，从而加快出入库作业效率，但缺点在于单元与单元之间需要打通并设置隔离门的数量较多，在管理隔离门的开闭时需要考虑较多因素，且在大多数单元中，上下两部分的连通性较差。方案六的优点为仓库内各个单元之间的互通性最好，但此种布设方案的空间利用率较低。

在调研的基础上，本节给出了十门危险品仓库的使用原则：首先，叉车优先选择入库集卡所对应的仓门所在单元内的货位进行入库作业。其次，在进行出库作业时优先选择出库集卡所对应的仓门所在单元内的货位进行出库作业。再次，对于仓库内的每一个货位仅存在两种状态，即入库或出库。最后，当距离入库集卡最近的入库货位或距离出库集卡最近的出库货位与入库集卡和出库集卡不在中轴线同侧时，叉车会选择环形路线而非折返路线行驶。

5.2.3 仓库货位动态布设条件下危险品存储定价方法

1. 基本参数介绍

以双叉车双集卡入库，单集卡出库为例，记 C_1 和 C_2 为入库集装箱，C_3 为出库集装箱。假设 C_1 和 C_2 有 m 个入库点，记为 $p_1, p_2, \cdots, p_m$。C_3 共对应 n 个出库点，记为 $q_1, q_2, \cdots, q_n$，其中，$M=\{1, 2, \cdots, m\}$，$N=\{1, 2, \cdots, n\}$。方便起见，将入库点和出库点统称为货位，并记为 S_t。记为 C_1 和 C_3 服务的叉车为 F_1 记为 C_2 和 C_3 服务的叉车为 F_2。对任意的 $i \in M$，$j \in N$，假定叉车 F_1 先从 C_1 出发，经路径 l_{C_1, p_i} 将 C_1 的危险品送抵给定的 $p_i (i \in M)$，随后经路径 l_{p_i, q_j} 在 $q_j (j \in N)$ 处取运往 C_3 的危险品，继而经路径 l_{q_j, C_3} 将危险品运抵 C_3，并经路径 l_{C_3, C_1} 空驶返回 C_1。记此出入库往返路线长度为 $S_{p_i q_j}^{C_1}$。同理，叉车 F_1 可以先从 C_2 出发，经路径 l_{C_2, p_i} 将 C_2 的危险品送抵给定的 $p_i (i \in M)$，随后经路径 l_{p_i, q_j} 在 $q_j (j \in N)$ 处取运往 C_3 的危险品，继而经路径 l_{q_j, C_3} 将危险品运抵 C_3，并经路径 l_{C_3, C_2} 空驶返回 C_2，记该出入库路径长度为 $S_{p_i q_j}^{C_2}$。由于出入库作业的集卡数为定值，故可以通过比较叉车进行出入库的作业时间来比较仓储效率。针对本节提出了 6 种不同的布设方案，记 $n_s = \{1, 2, \cdots, 6\}$，记 v_{n_s} 为叉车运行速度，χ_{n_s} 为仓库内货位之间的稀疏度，t_{n_s} 为叉车完成一次出入库作业的运行时间，w_{n_s} 为叉车单位时间内行驶所消耗的燃油，o_{n_s} 为机会成本。记叉车行驶所需的燃油价格为 p_{oil}。

利用上述数学符号，本节给出了一种不同类型危险品仓库运营成本的计算方法。首先，本节根据待评估方案中可拖拉门、仓位、叉车可行驶线路的布局方式，确定叉车运行平均最短距离的概率密度函数。其次，本节设计叉车运行规则，并根据叉车运行规则建立叉车平均最短运行距离的优化模型。再次，本节根据不同隔离门布设方式下叉车运行速度、仓库对位稀疏度确定叉车完成一次出入库所需耗时。最后，根据叉车时耗，确定叉车油耗成本，以及确定不同布设方式下仓库的机会成本。同时，本节确定综合评价目标函数值并求解得到不同类型危险品仓库的运营成本。为了验证新提出成本计算方法的有效性，本节构建叉车仓库内行驶路径的仿真模型，对结果进行验证。

2. 不同的危险品仓储方案运营成本计算模型

为计算在多种货位布设方案下，各方案所能带来的效益提升量，我们应先计算优化路径下的叉车平均运行距离，假设所有的货位均为可作业货位，可得

$$
\begin{cases}
\min \sum\limits_{N=1}^{2} S^{k}_{p_i,q_j} = l_{C_N,p_i} + l_{p_i,q_j} + l_{q_j,C_3} + l_{C_N,C_3} \\
\text{s.t.} \quad i \in M, j \in N, k = 1,2
\end{cases}
\tag{5.1}
$$

其中，目标函数为最小化叉车完成一次出入库作业的行驶距离，根据不同布设方案，可通过 l_{p_i,q_j}，进而可通过仓库货位的列数与排数进行表示，并计算出不同出入库货位组合下的最优路径。另外，在计算 l_{p_i,q_j} 时，可将装货点与卸货点的位置通过坐标表示出来。例如，本节所研究的仓库均为 6 行 15 列仓库，因此，若第 1 行第 1 列货位为入库货位，则记该货位为 $p_{i=1} = p_{(1,1)}$；若第 3 行第 4 列货位为入库货位，则计该货位为 $p_{i=2} = p_{(3,4)}$。以此类推，可将 p_i 和 q_j 中的所有货位均用坐标的形式表示。由于布设方法不同，每个单元的货位数也会有所不同。记 N_p 为不同布设方式下仓库总的出入库货位数 $p \in \{1,2,\cdots,6\}$，其中，N_{P_p} 为入库货位总数，N_{P_q} 为出库货位总数，记每种布设方式下各个单元货位数为 N_p^k，每个单元所包含的箱位坐标集合为 $K_k, k \in \{1,2,\cdots 5\}$。例如，$N_1^3$ 表示在第一种布设方式下第三个单元的货位数。根据 5.2.2 节中十门危险品仓库的使用原则可知，当仓库中入库货位数为 m，出库货位数为 n 时，有 $m+n = N_p$。记仓库中入库货位比例 $r_p = m \times N_p^{-1}$，出库货位比例 $r_q = n \times N_p$。对任意时刻，当仓库内随机取 m 个入库货位，n 个出库货位时，分别距离入库集卡 C_1 与 C_2 最近的入库货位可以通过 $p_{(x_1,y_1)}$ 和 $p_{(x_2,y_2)}$ 表示，距离出库集卡 C_3 最近的出库货位可以通过 $q_{(x_3,y_3)}$ 表示。进而，设距离集卡 C_1 最近入库货位的行数为 x_1，列数为 y_1，则叉车 F_1 从入库仓门至最近入库货位所行驶路程的期望可表示为

$$E\left(l_{C_1,p(x_1,y_1)}\right) = \sum_{x_1}\sum_{y_1}\frac{\left(r_q\right)^{2\times(y_1-1)+1}\times r_p\times l_{C_1,p(x_1,y_1)}}{N_P^1}\times p\left[(x_1,y_1)\in K_1\right]$$

$$+\sum_{x_1}\sum_{y_1}\frac{\left(r_q\right)^{N_P^1+2\times(y_1-1)+1}\times r_p\times l_{C_1,p(x_1,y_1)}}{N_P^1}\times p\left[(x_1,y_1)\in K_2\right]$$

$$+\sum_{x_1}\sum_{y_1}\frac{\left(r_q\right)^{N_P^1+N_P^2+2\times(y_1-1)+1}\times r_p\times l_{C_1,p(x_1,y_1)}}{N_P^1}\times p\left[(x_1,y_1)\in K_3\right]\quad(5.2)$$

$$+\sum_{x_1}\sum_{y_1}\frac{\left(r_q\right)^{N_P^1+N_P^2+N_P^3+2\times(y_1-1)+1}\times r_p\times l_{C_1,p(x_1,y_1)}}{N_P^1}\times p\left[(x_1,y_1)\in K_4\right]$$

$$+\sum_{x_1}\sum_{y_1}\frac{\left(r_q\right)^{N_P^1+N_P^2+N_P^3+N_P^4+2\times(y_1-1)+1}\times r_p\times l_{C_1,p(x_1,y_1)}}{N_P^1}\times p\left[(x_1,y_1)\in K_5\right]$$

式（5.2）是一个在广泛调研的基础上提出的经验公式。公式中五个加成部分分别表示当入库集卡 C_1 在第 1 单元仓门外时，叉车选择第 1 单元~第 5 单元五个内货位作为入库货位所行驶的路程期望。另外，本节中的 $p(\cdot)$ 均由仿真得到。另外，N_P^k 的值根据 C_1 所对应单元的两个出入库门是否互通来变化。例如，方案一、方案二、方案三、方案六中 N_P^k 取某一单元内的总货位数，而方案四中仅有第 3 单元取单元内的总货位数，其他单元取各自单元内总货位数的一半；方案五中第 2、4 单元取单元内的总货位数，其他单元取各自单元内总货位数的一半，且 $r_p+r_q=1$。

同理可得，当距离集卡 C_2 最近的入库货位的行数为 x_2，列数为 y_2 时，叉车 F_2 从入库仓门至最近入库货位所行驶路程的期望可表示为

$$E\left(l_{C_2,p(x_2,y_2)}\right) = \sum_{x_2}\sum_{y_2}\frac{\left(r_q\right)^{2\times(y_2-1)+1}\times r_p\times l_{C_2,p(x_2,y_2)}}{N_P^4}\times p\left[(x_2,y_2)\in K_4\right]$$

$$+\sum_{x_2}\sum_{y_2}\frac{\left(r_q\right)^{6y_2-1}\times r_p\times l_{C_2,p(x_2,y_2)}}{N_P^3+N_P^5}\times p\left[(x_2,y_2)\in K_3,K_5\right]$$

$$+\sum_{x_2}\sum_{y_2}\frac{\left(r_q\right)^{N_P^3+N_P^4+N_P^5+2\times(y_2-1)+1}\times r_p\times l_{C_2,p(x_2,y_2)}}{N_P^3}\times p\left[(x_2,y_2)\in K_2\right]$$

$$+\sum_{x_2}\sum_{y_2}\frac{\left(r_q\right)^{N_P^2+N_P^3+N_P^4+N_P^5+2\times(y_2-1)+1}\times r_p\times l_{C_2,p(x_2,y_2)}}{N_P^4}\times p\left[(x_2,y_2)\in K_1\right]$$

$$(5.3)$$

当距离集卡 C_3 最近的出库货位的行数为 x_3，列数为 y_3 时，叉车 F_1,F_2 所行驶

路程的期望可表示为

$$E\left(l_{C_3,p(x_3,y_3)}\right) = \sum_{x_3}\sum_{y_3} \frac{\left(r_q\right)^{2\times(y_3-1)+1}\times r_p\times l_{C_3,p(x_3,y_3)}}{N_P^2}\times p\left[(x_3,y_3)\in K_2\right]$$

$$+\sum_{x_3}\sum_{y_3}\frac{\left(r_q\right)^{6y_3-1}\times r_p\times l_{C_3,p(x_3,y_3)}}{N_P^1+N_P^3}\times p\left[(x_3,y_3)\in K_1,K_3\right]$$

$$+\sum_{x_3}\sum_{y_3}\frac{\left(r_q\right)^{N_P^1+N_P^2+N_P^3+2\times(y_3-1)+1}\times r_p\times l_{C_3,p(x_3,y_3)}}{N_P^4}\times p\left[(x_3,y_3)\in K_4\right]$$

$$+\sum_{x_3}\sum_{y_3}\frac{\left(r_q\right)^{N_P^1+N_P^2+N_P^3+N_P^4+2\times(y_3-1)+1}\times r_p\times l_{C_3,p(x_3,y_3)}}{N_P^5}\times p\left[(x_3,y_3)\in K_5\right]$$

$$(5.4)$$

对于任意给定入库货位及出库货位的情况下，计算叉车 F_1、F_2 在入库货位与出库货位之间行驶的距离均值的估算公式为

$$l_{p(x,y),q(x,y)} = \left\{2\times\left[\frac{\max(y,y_3)}{2}\times l_c+\frac{\max(y,y_3)+1}{2}\times l_g\right]+2l_{en}+w_a\right\}\times p\left(\begin{matrix}y\in\{y_1,y_2\},\\\forall k,y,y_3\in K_k\end{matrix}\right)$$

$$+\left\{2\times\left[\frac{\max(y,y_3)}{2}\times l_c+\frac{\max(y,y_3)+1}{2}\times l_g\right]+2l_{en}+n\times(2l_l+l_a)\right\}\times p\left(y\in\{y_1,y_2\}\right)$$

$$(5.5)$$

其中，l_c 为仓库内单位货位宽度；l_l 为仓库内单位货位长度；l_g 为仓库内货位之间空隙宽度；l_a 为仓库内纵向车道宽度；l_{en} 为集卡与仓门之间的距离；n 为入库货位与出库货位所在单元之差的绝对值。得出最优路径的期望值后，计算叉车运行时间为

$$t_{n_s} = \Omega\times\frac{1}{2}\sum_{N=1}^{2}\frac{S_{p_i,q_j}^{C_N}}{v_{n_s}\times\chi_{n_s}}$$

$$(5.6)$$

其中，Ω 为调整因子；v_{n_s} 为叉车基准运行速度；χ_{n_s} 为仓库内货位之间的稀疏度；t_{n_s} 为叉车完成一次出入库操作的运行时间。另外，仓库布设的稀疏程度也会影响到整个仓库的机会成本。为方便起见，本节将仓库货位稀疏度 χ_{n_s} 定义为仓库中所有货位到其他货位距离和的平均值，即

$$\chi_{n_s} = \frac{\sum_{j=1}^{N_P}\sum_{i=1}^{N_P}d_{ij}}{N_P(N_P-1)}$$

$$(5.7)$$

其中，d_{ij} 为货位 i 与货位 j 之间的直线距离。不同布设方式下叉车运行速度是指在

不同可能出现路径下叉车可以行驶的最大安全速。根据当前市场行情记每小时的时间价值为 $p(t)$，可得叉车在给定速度下的运行时间成本

$$C(t)=p(t)\times t_{n_s} \tag{5.8}$$

进一步，记叉车油耗成本为

$$C_{n_s}(t)=t_{n_s}\times w_{n_s}\times p_{\text{oil}} \tag{5.9}$$

其中，w_{n_s} 为叉车单位时间内行驶所消耗的燃油；p_{oil} 为叉车行驶所需的燃油价格。

另外，不同布设方式下仓库的机会成本为

$$O_{n_s}(\chi)=o_1\times \chi_{n_s}\times \chi_1^{-1} \tag{5.10}$$

综合运用式（5.3）~式（5.8），可得各仓储方案综合成本的最优化函数

$$\min\gamma=w_1\times C(t)\times t_{n_s}+w_2\times C_{n_s}(t)+w_3\times O_{n_s}(\chi) \tag{5.11}$$

其中，$C(t)\times t_{n_s}$ 为入库所需最低时间成本；$C_{n_s}(t)$ 为运行成本；$O_{n_s}(\chi)$ 为机会成本；w_1、w_2、w_3 为三类成本在优化过程中的权重，其意义在于当仓库经营环境变化时实时调整综合成本的计算。

3. 危险品仓库仓储作业仿真模型

为验证式（5.11）的准确性，本节通过构建概率叉车行驶的仿真模型并进行多次仿真实验，求出两叉车行驶的平均距离。具体步骤如下。

步骤 5.1：针对仓库货位在不同方案下的布设方式，构建不同的、表示仓库货位状态的矩阵。

步骤 5.2：根据 5.2.2 节中提出的十门危险品仓库的使用原则，设定叉车的运行规则。

步骤 5.3：初始化两叉车的起始坐标点，即两入库集卡对应的仓门所在矩阵的位置坐标。

步骤 5.4：存储矩阵中的所有入库货位坐标，并按照叉车行驶规则依次找到到达所有入库货位的路径。

步骤 5.5：更新叉车起始坐标点，将其依次变为所有入库货位所在坐标点。

步骤 5.6：找出矩阵中所有出库货位的坐标，按照叉车行驶规则对所有的入库货位与出库货位进行匹配，根据叉车行驶规则形成叉车从入库货位至出库货位的行驶路径。

步骤 5.7：再次更新叉车起始坐标点，将其依次变为所有出库货位所在坐标点，并按照叉车行驶规则依次找出所有出库货位至出库仓门的路径。

步骤 5.8：将叉车从出库集卡驶回入库集卡，返回步骤 5.7，并从所有可能的路径中，选出最短路径。图 5.9 给出了一种按照方案 1 布设的仓库货位场景。其中，

"0"表示叉车可以行驶的道路，"1"表示入库货位，"–1"表示出库货位。

$$
\begin{bmatrix}
0. & 0. & 0. & 0. & 0. & 0. & 0. & 0. & 0. & 0. & 0. & 0. & 0. & 0. & 0. & 0. \\
0. & -1. & 0. & 1. & 1. & 0. & -1. & -1. & 0. & -1. & 1. & 0. & 1. & -1. & 0. & 1. & 0. \\
0. & 1. & 0. & 1. & 0. & 1. & 1. & 0. & 1. & 1. & 0. & 1. & -1. & 0. & 1. & 0. \\
0. & 1. & 0. & 1. & 0. & 1. & 1. & 0. & 1. & 1. & 0. & -1. & -1. & 0. & 1. & 0. \\
0. & 1. & 0. & 1. & 0. & -1. & -1. & 0. & 1. & 0. & -1. & -1. & 0. & -1. & 0. \\
0. & 1. & 0. & 1. & 0. & 1. & 1. & 0. & 1. & 0. & -1. & -1. & 0. & 1. & 0. \\
0. & 1. & 0. & 1. & 0. & 1. & -1. & 0. & 1. & 1. & 0. & -1. & 1. & 0. & 1. & 0. \\
0. & 0. & 0. & 0. & 0. & 0. & 0. & 0. & 0. & 0. & 0. & 0. & 0. & 0. & 0. & 0.
\end{bmatrix}
$$

图 5.9　入库货位数为 45，出库货位数为 15 的仓储作业矩阵

在仿真过程中，对于任意一种给定的入库货位数量，均应用上述步骤计算 1 000 次两叉车行驶的最短路径，进而求出平均值作为某一给定入库货位数量下两叉车的平均最短路径。

5.2.4　五个房间条件下的各货位布设方案成本计算算例

1. 算例介绍

传统危险品仓库布设示意图如图 5.10 所示。考虑到其他五种仓库布设方式均为在此基础上通过减少货位获得，因此在计算过程中可参照传统危险品仓库的参数。

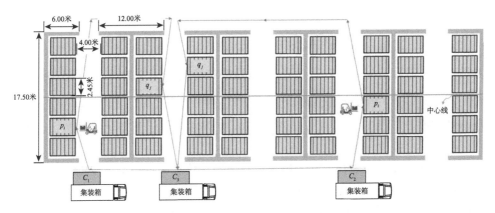

图 5.10　传统危险品仓库布设示意图

根据图 5.9 所示的仓库参数，可计算出 6 种不同布设方案下仓库的稀疏度，详见表 5.4。

表5.4　6种不同布设方案下仓库的稀疏度

方案	方案一	方案二	方案三	方案四	方案五	方案六
稀疏度	19.090 35 米	29.234 52 米	30.096 24 米	29.091 15 米	29.204 95 米	30.060 11 米

由于第一种布设方案下仓库内各单元不能互通，故在计算方案一的稀疏度时，以单元为单位，通过计算得到每种方案下小车行驶路程期望。为了进一步描述给出的模型，这里给出一个具体算例，详情如下。

2.6 种仓储方案的综合成本求解

在方案一中，假设第 1、2 单元内至少有一个入库货位一个出库货位；第 3、4 单元内至少有一个入库货位一个出库货位时的概率为 P_{casel}，并将该假设成立的区域缩小至仓库中心线以下部分时的概率记为 P'_{casel}，则

$$P_{\text{casel}} = \left[1 - \left(r_p\right)^{24} - \left(r_q\right)^{24}\right]^2, P'_{\text{casel}} = \left[1 - \left(r_p\right)^{12} - \left(r_q\right)^{12}\right]^2$$

其中，P_{casel} 所对应等式右边第一个 $\left[1 - \left(r_p\right)^{24} - \left(r_q\right)^{24}\right]$ 表示在所有货位均为入库货位或出库货位的情况下，第 1、2 单元内至少有一个入库货位和一个出库货位的概率，同理，P'_{casel} 所对应等式右边第一个 $\left[1 - \left(r_p\right)^{12} - \left(r_q\right)^{12}\right]$ 表示当只考虑仓库中轴线以下部分时，第 1、2 单元内至少有一个入库货位和一个出库货位的概率；P_{casel} 所对应等式右边第二个 $\left[1 - \left(r_p\right)^{24} - \left(r_q\right)^{24}\right]$ 表示在所有货位均为入库货位或出库货位的情况下，第 3、4 单元内至少有一个入库货位和一个出库货位的概率，P'_{casel} 所对应等式右边第二个 $\left[1 - \left(r_p\right)^{12} - \left(r_q\right)^{12}\right]$ 表示当只考虑仓库中轴线以下部分时，第 3、4 单元内至少有一个入库货位和一个出库货位的概率。当入库货位数发生变化时 r_q 也会随之变化，从而可得 P_{casel} 和 P'_{casel} 随入库货位数变化而变化的趋势，详情见图5.11。

通过图 5.11 可以看出，在入库货位与出库货位和为 60，随机选择入库货位与出库货位位置时，且当第 1、2 单元内至少有一个入库货位和一个出库货位，第 3、4 单元内至少有一个入库货位和一个出库货位时的概率在入库货位为 x 时的变化情况。由图可知，当入库货位的数量变化范围缩小到 12~46 个时，叉车有 90% 以上可能不需要经过上仓库半部分绕路。由 $\mu = 30$，$\sigma = 10$，可知货位数量变化服从正

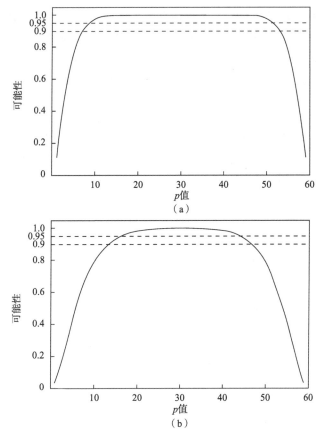

图 5.11　方案一中入库货位数量发生变化时假设成立的可能性

态分布，根据正态分布概率密度函数得入库货位的数量落在（12，46）区间内的概率为 0.909 270，入库货位的数量落在（7，12）和（46，51）区间内的概率为 0.062 141，因此可得

$$\sum_{N=1}^{2} S_{p_i,q_j}^{C_N} = P\left(24 < N_{1_p} < 36\right) \times \left[0.9 \times 137.99 + 0.1 \times \left(\frac{198 - 137.9}{2} + 137.9\right)\right]$$
$$+ \left[P\left(15 < N_{1_p} < 24\right) + P\left(36 < N_{1_p} < 45\right)\right] \times 0.95 \times 198 + \left[1 - P\left(15 < N_{1_p} < 45\right)\right] \times l_{else}$$

其中，l_{else} 表示非最优路径的可能行驶路径长度的期望，由于 $1 - P\left(15 < N_{1_p} < 45\right)$ 小于 0.05，故 $1 - P\left(15 < N_{1_p} < 45\right) \times l_{else}$ 在估算该方案下小车行驶的距离时可近似估计为 ε_{case1}，并取值为 30 可得

$$\sum_{N=1}^{2} S_{p_i,q_j}^{C_N} = 0.909\,270 \times \left(0.9 \times 137.9 + 0.1 \times 167.95\right) + 0.062\,141 \times \left(0.95 \times 198 + \varepsilon_{case1}'\right) + \varepsilon_{case1}$$
$$= 169.81 \text{米}$$

在方案二和方案三中，由于叉车在仓库内的行驶路径较为复杂，故叉车最理想的仓储方案是在第 1 单元和第 2 单元内、中轴线以下部分至少有一个入库货位和一个出库货位，且在第 3 单元和第 4 单元内、中轴线以下部分至少有一个入库货位和一个出库货位。记此种情形出现的概率为 P_{case2}，则

$$P_{case2} = \left[1 - \left(r_p\right)^{10} - \left(r_q\right)^{10}\right]^2$$

同理可得，方案三在第 1 单元和第 2 单元内、中轴线以下部分至少有一个入库货位和一个出库货位，且在第 3 单元和第 4 单元内、中轴线以下部分至少有一个入库货位和一个出库货位的概率为 P_{case3}，即

$$P_{case3} = \left[1 - \left(r_p\right)^{9} - \left(r_q\right)^{9}\right]^2$$

当入库货位数发生变化时，r_p 也会随之变化，求得的 P_{case2} 与 P_{case3} 的变化情况见图 5.12。图 5.12（a）表示，在入库货位与出库货位和为 52，且入库货位在 14 个到 36 个之间变化并随机在仓库内进行排布时，小车有 95% 以上的可能性会选择从中线以下区域行驶，同时，入库货位在 14 个到 36 个之间变化的概率为 0.796 087，因此可得

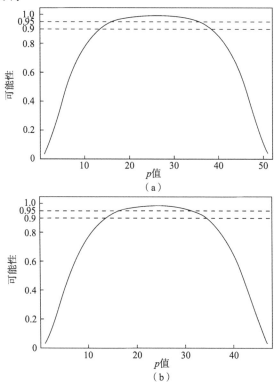

图 5.12　方案二、方案三中入库箱位数量发生变化时假设成立的可能性

$$\sum_{N=1}^{2} S_{p_i,q_j}^{C_N} = P\left(14 < N_{1_p} < 36\right) \times \left(0.95 \times 154.2 + \varepsilon'_{\text{case2}}\right) + \left[1 - P\left(14 < N_{1_p} < 36\right)\right] \times l_{\text{else}}$$

其中，l_{else} 表示现阶段未考虑情况最优路径的平均长度，由于 $1 - P\left(14 < N_{1_p} < 36\right)$ 小于 0.05，故 $\left[1 - P\left(14 < N_{1_p} < 36\right)\right] \times l_{\text{else}}$ 在估算该方案下叉车行驶的距离时可近似估计为 $\varepsilon_{\text{case2}}$，得叉车行驶距离为 $\sum_{N=1}^{2} S_{p_i,q_j}^{C_N} = 0.796\,087 \times \left(0.95 \times 154.2 + \varepsilon'_{\text{case2}}\right) + \varepsilon_{\text{case2}} =$ 161.49米。

图 5.12（b）表示，在入库货位与出库货位和为 48，且入库货位在 15 个到 31 个之间变化并随机在仓库内进行排布时，叉车有 95%以上的可能性会选择从中线以下区域行驶。同时，入库货位在 15 个到 31 个之间变化的概率为 0.678 919，入库货位的数量落在（9，15）和（31，37）区间内的概率为 0.238 603，此时叉车有 80%以上可能性会选择中线以下区域行驶，因此可得

$$\begin{aligned}
\sum_{N=1}^{2} S_{p_i,q_j}^{C_N} &= P\left(15 < N_{1_p} < 31\right) \times \left(0.95 \times 142.8 + 0.05 \times l_{\text{else}}\right) \\
&\quad + \left[P\left(9 < N_{1_p} < 15\right) + P\left(31 < N_{1_p} < 37\right)\right] \times \left(0.8 \times 142.8 + 0.2 \times l_{\text{else}}\right) \\
&\quad + \left[1 - P\left(9 < N_{1_p} < 37\right)\right] \times l_{\text{else}} \\
&= 0.678\,919 \times \left(0.95 \times 142.8\right) + 0.238\,603 \times \left(0.8 \times 142.8\right) + \varepsilon_{\text{case3}} \\
&= 149.36米
\end{aligned}$$

在方案四和方案五中，仓库内上下两部分的互通性较差，因此当叉车仅在仓库下半区行驶时，记 C_1 在第 1 单元和第 2 单元内至少有一个入库货位和一个出库货位，C_3 在第 2~4 单元内至少有一个入库货位和一个出库货位的概率为 P_{case4}，则可得

$$P_{\text{case4}} = \left[1 - \left(r_p\right)^8 - \left(r_q\right)^8\right] \times \left[1 - \left(r_p\right)^9 - \left(r_q\right)^9\right]$$

同理可得

$$P_{\text{case5}} = \left[1 - \left(r_p\right)^7 - \left(r_q\right)^7\right] \times \left[1 - \left(r_p\right)^9 - \left(r_q\right)^9\right]$$

当入库货位数发生变化时，r_q 也会随之变化，求得的 P_{case4}、P_{case5} 变化情况如图5.13 所示。

图 5.13（a）表示，在入库货位与出库货位和为 48，且入库货位在 15 个到 31 个之间变化并随机在仓库内进行排布时，叉车有 95%以上的可能性会选择从中线以下区域行驶。同时，入库货位在 15 个到 31 个之间变化的概率为 0.678 919，入库货位的数量落在（10，15）和（31，36）区间内的概率为 0.214 215，此时叉车

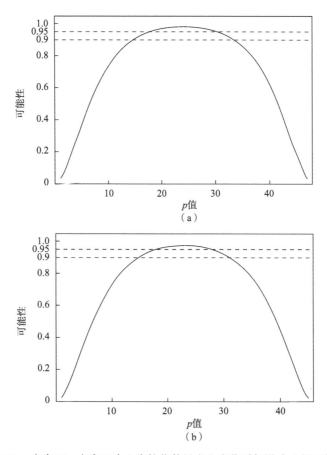

图 5.13　方案四、方案五中入库箱位数量发生变化时假设成立的可能性

有 80% 以上可能性会选择中线以下区域行驶，因此可得

$$\sum_{N=1}^{2} S_{p_i,q_j}^{C_N} = P\left(15 < N_{1_p} < 31\right) \times \left(0.95 \times 134.8 + 0.05 \times l_{\text{else}}\right)$$
$$+ \left[P\left(10 < N_{1_p} < 15\right) + P\left(31 < N_{1_p} < 36\right)\right] \times \left(0.8 \times 134.8 + 0.2 \times l_{\text{else}}\right)$$
$$+ \left[1 - P\left(10 < N_{1_p} < 36\right)\right] \times l_{\text{else}}$$
$$= 0.678\,919 \times \left(0.95 \times 134.8\right) + 0.238\,603 \times \left(0.8 \times 134.8\right) + \varepsilon_{\text{case4}}$$
$$= 144.67 \text{米}$$

图 5.13（b）表示，在入库货位与出库货位和为 46，且入库货位在 16 个到 28 个之间变化并随机在仓库内进行排布时，叉车有 95% 以上的可能性会选择从中线以下区域行驶。同时，入库货位在 16 个到 28 个之间变化的概率为 0.566 186，入库货位的数量落在（10，16）和（28，34）区间内的概率为 0.316 333，此时叉车有 80% 以上可能性会选择中线以下区域行驶，因此可得

$$\sum_{N=1}^{2} S_{p_i,q_j}^{C_N} = P\left(16 < N_{1_p} < 28\right) \times \left(0.95 \times 134.8 + 0.05 \times l_{\text{else}}\right)$$
$$+\left[P\left(10 < N_{1_p} < 16\right) + P\left(28 < N_{1_p} < 34\right)\right] \times \left(0.8 \times 134.8 + 0.2 \times l_{\text{else}}\right)$$
$$+\left[1 - P\left(10 < N_{1_p} < 34\right)\right] \times l_{\text{else}}$$
$$= 0.566186 \times \left(0.95 \times 134.8\right) + 0.316333 \times \left(0.8 \times 134.8\right) + \varepsilon_{\text{case5}}$$
$$= 141.62 \text{米}$$

在方案六中，将第 1、2 单元内至少有一个入库货位一个出库货位，第 3、4 单元内至少有一个入库货位一个出库货位时的概率记为 P_{case6}，当该假设成立的区域减少到仓库中线以下部分时记概率为 P'_{case6}，因此可得

$$P_{\text{case6}} = \left[1 - \left(r_p\right)^{18} - \left(r_q\right)^{18}\right] \times \left[1 - \left(r_p\right)^{16} - \left(r_q\right)^{16}\right]$$

$$P'_{\text{case6}} = \left[1 - \left(r_p\right)^{9} - \left(r_q\right)^{9}\right] \times \left[1 - \left(r_p\right)^{8} - \left(r_q\right)^{8}\right]$$

其中，P_{case6} 与 P'_{case6} 的表示方法与方案一中考虑仓库内所有货位和只考虑仓库内、中轴线以下部分货位的算法类似。当入库货位数发生变化时 r_q 也会随之变化，求得的 P_{case6} 变化情况如图 5.14 所示。

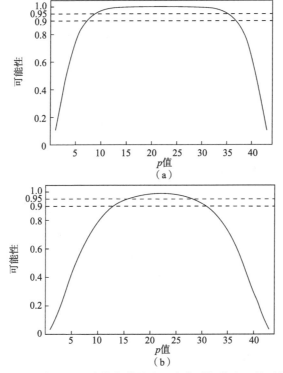

图 5.14　方案六中入库箱位数量发生变化时假设成立的可能性

图 5.14 表示入库货位与出库货位的和为 44，且随机选择入库货位与出库货位位置时。同时，当第 1、2 单元内至少有一个入库货位和一个出库货位，或者第 3、4 单元内至少有一个入库货位和一个出库货位的概率在入库货位为 x 时的变化情况。由图 5.14 可知，当入库货位在 7 个到 35 个之间变化，且随机在仓库内进行排布时，小车有 95% 以上的可能性会经过仓库上半部分行驶。当入库货位的数量为 12 个到 30 个时，有 90% 以上可能叉车不需要经过上仓库半部分绕行，且入库货位的数量服从 $\mu=22$，$\sigma=7.1$ 的正态分布，因此入库货位的数量落在（12，30）区间内的概率为 0.790 579，入库货位的数量落在（7，12）和（30，35）区间内的概率为 0.158 555，进而可得

$$
\begin{aligned}
\sum_{N=1}^{2} S_{p_i,q_j}^{C_N} &= P\left(12<N_{1_p}<30\right)\times\left[0.9\times142.8+0.1\times\left(\frac{183.5-142.8}{2}+142.8\right)\right] \\
&\quad+\left[P\left(7<N_{1_p}<12\right)+P\left(30<N_{1_p}<35\right)\right]\times0.95\times183.5 \\
&\quad+\left[1-P\left(15<N_{1_p}<45\right)\right]\times l_{\text{else}} \\
&= 0.790\,579\times\left(0.9\times142.8+0.1\times163.15\right)+0.158\,555\times\left(0.95\times183.5\right)+\varepsilon_{\text{case6}} \\
&= 142.14\text{米}
\end{aligned}
$$

在得出每种方案下叉车的平均最短行驶路程后，可以按照 5.2.3 节中构建的仿真模型进行编程求解。

计算结果表明，虽然在入库货位数量过多或过少这两种比较极端的情况下叉车行驶最短路径长度会远超过平均值，由于货位数量变化服从均值为总货位数 1/2 的正态分布，故可以看出，两种方法的计算结果十分接近。当求得平均路径后，将出入库时间 t_{n_s}、运行成本 $C_{n_s}(t)$ 及机会成本 $O_{n_s}(\chi)$ 等参数代入 6 种方案对应的模型。为了计算方便，本节为参数赋值为 $\Omega=20$，$w_{n_s}=3.5L/h$，$v_{n_s}=0.8m/s$，$p_{\text{oil}}=\$1.03/L$，$w_1=0.5$，$w_2=0.2$，$w_3=0.3$。综合整理上述计算结构，可得到不同布设方案下单位集卡装卸作业成本，详情见表 5.5。

表 5.5　不同布设方案下单位集卡装卸作业成本

变量	方案一	方案二	方案三	方案四	方案五	方案六
$\sum_{N=1}^{2} S_{p_i,q_j}^{C_N}$	169.81	161.49	149.36	144.67	141.62	142.14
t_{n_s}	111.19	69.05	62.03	62.16	60.61	59.11
$C_{n_s}(t)$	0.111	0.069	0.062	0.062	0.061	0.059

续表

变量	方案一	方案二	方案三	方案四	方案五	方案六
$O_{n_s}(\chi)$	15.802	24.196	24.909	24.077	24.172	24.879
$\min \gamma$	60.358	41.797	38.503	38.317	37.571	37.029

3. 结论分析

通过对比传统仓库与互通危险品仓库的作业效率，可以发现采用电动隔离门来实现仓库各单元之间的互通可以将效用提高至原来的 1.63 倍左右，并且在货物周转量较高的情况下对叉车线路的最优化设计更为灵活。同时，根据仿真结果可以发现，在实际作业时若能尽量缩小仓库内入库货位数量与出库货位数量之差则可大大降低叉车的行驶距离，因此仓库管理者可以根据实际仓储需求来安排入库集卡与出库集卡的比例。

通过实例给出的各方案的效用值可以看出，虽然不同的作业方式会影响叉车运行效率，但实行互通设计的危险品仓库较其他仓库而言能取得较好的目标函数值。另外，本节所提出的模型也可应用在单集卡入库、双集卡出库同时作业的环境。对于如何安排出入库集卡的位置与数量可以使仓库整体的效用达到最高还需进一步研究。

5.3　压仓条件下临时货位设置的分层决策方法

5.3.1　研究问题的提出

近年来，我国危险品仓库的流量季节性较强，仓库流量出现了明显的波峰波谷的特征，且我国现有的危险品仓库多为双门规制。双门仓库对仓储空间的利用率较高，然而出入库作业效率较低。在危险品流量较大甚至压仓的期间，现有的双门仓库因其空间结构所决定的作业模式难以高效出入库作业，容易出现当日或者规定时间内不能清库的情况，最终导致货物在仓库的积压，而且在高强度的作业下，叉车潜在的对危险品包装的破坏风险，以及叉车潜在的互相碰撞风险都会影响仓库的经济效益。

为了能够同时兼有双门仓库在空间利用率上的优势和互通仓库在作业效率上的优势，著者提出了一种设置临时货位的互通危险品存储方案。在该方案中，仓库可以通过使用临时货位，实现按照双门仓库进行储存危险品，按照互通危险品仓库的形式进行出入库作业。进一步地，著者提出按照机会成本来指导危险品仓储作业，为临时货位的设置提供理论支持。为了做好上述研究，著者重点研究了机会成本与无形资产、危险品仓储与运输、仓位利用、神经网络算法等方面的相关研究成果。

在机会成本及无形资产方面，Stoll 等为了避免靠直觉去决定采购设备的数量，采用多维度分类的方法来为管理者提供策略支持[155]。Ozsen 等认为在一个全球性且波动性很大的世界经济中，必须以整体系统方法管理风险或不确定性，因为所有风险都可能影响声誉[156]。在危险品仓储与运输方面，国内外学者主要从危险品的运输条件和方式、运输储存危险品过程中的风险控制上进行研究。例如，Barbucha和 Filipowicz 提出了考虑离散距离的一般隔离储存的数学表达[157]。Cassini 考虑了运输危险品时直接穿过城市区域以减少运输路程和在城市区域与人口稀少区域发生事故的不同严重程度，提出了定量风险评估的方法来进行决策，但很难保证任何时候肯定不会发生事故[158]。Elshafey 等进行了抑制屏蔽板爆炸衰减能力的实验。在选择存储、处理、运输爆炸物时，为选择相应的构件来保护重要设施提供了更好的依据[159]。Fabiano 等通过系统的调查收集现场数据，提出了对路线特征和暴露人口的风险评估，从而降低了降低风险分析的总体不确定性，为了更好地监测危险源的动态变化[160]。在仓位利用方面，Pang 和 Chan 将仓库货位的使用与仓储客户的订单类型结合起来，并给出了使用仓库货位的优化方法[161]。Jemelka 等使用随机解算法和所有组合算法来求出解空间的形状并加以约束，最终求出最优解来提升仓库效率[162]。张壮针对中国国内集装箱港口船舶压港问题给出的建议是缩短集装箱堆存时间[163]。在神经网络算法方面，Ling 和 Liu 使用人工神经网络构建了预测项目绩效的分析模型[164]。Mccall 提供了一种遗传算法的控制实例[165]。Ding 等利用遗传算法优化 BP 神经网络，并证明了经遗传算法优化后的 BP 神经网络不容易陷入局部最优解[166]。Patel 和 Jha 利用人工神经网络评估员工在建筑项目中的工作行为，进而提出安全工作行为的结构[167]。Montiel 等为机器人设计了一种柔性路径规划方法，该方法能够帮助机器人避开移动障碍物[168]。基于上述研究成果，我们对上海某危险品物流有限公司进行了调研，并在提出多功能仓库的基础上，进一步研究了压仓条件下仓库的作业方案及其机会成本分析。同时建立了模型，理论计算出在不同的影响因子下常规出入库模式或互通出入库模式的应用环境，并建立了相关参数在不同应用环境的阈值曲面。进而，著者考虑了叉车行驶距离和直接经济成本及时间成本的相互耦合的关系，建立了模型 1 和模型 2 两个模型。其中，模型 2 使用遗传神经网络求解最小运行距离、时间等指标，并将其嵌套在模型 1 内最终算出直接经济成本和时间成本。模型 1 和模型 2 的关系见图 5.15。为了介绍方便，我们接下来先具体分析压仓条件下的危险品仓储作业。

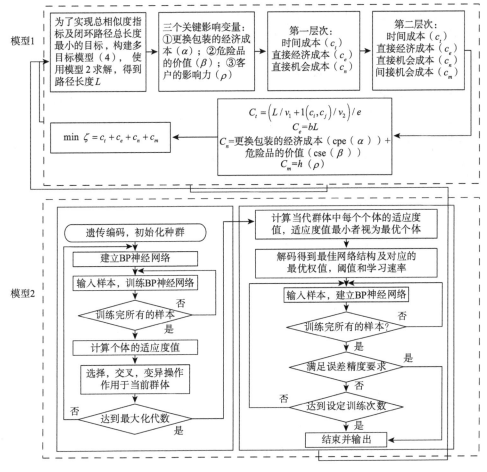

图 5.15　技术路线图（二）

5.3.2　压仓条件下的危险品仓储作业环境介绍

中国国内现有的危险品仓库大多为平仓式的双门仓库，这类仓库的优点在于空间利用率高，一个空间内就留一条供叉车行进的通道，其余空间都能作为货位放置货品。在双门仓库的条件下，当有集装箱停在仓库外时需要仓库内的叉车到一个门前进行接应，再进入仓库进行存取货作业。在完成存取货作业后，因为通道内无法掉头，需要从另一个门出去从仓库外围绕一圈才能回到集装箱处再重复进行作业。这种作业模式在危险品流量较大时，因为其效率较低无法快速有效地从集装箱上下货并根据需要存储到相应位置，最终导致压仓。

互通仓库是将几个常规双门危险品仓库打通，这样叉车从一门进入仓库作业完成后有多个可选择路径离开仓库。互通仓库相比双门仓库的优势在于其效率高，可以快速地进行存取货作业。在压仓的时候，互通仓库可以高效地处理新运进的危险品，将其摆放到相应位置，同时也可以快速从仓库运出需要交接给下一环节的危险品，这样便能有效地缓解压仓现象。

在上述分析的基础上，本书提出的多功能仓库结合了双门仓库空间利用率高和互通仓库效率高的优点，并且考虑了额外作业所带来的机会成本。在双门仓库的基础上将其与隔壁的双门仓库打通，并在打通的地方设置可以推拉的隔离门。在危险品流量较小时，拉上隔离门用来隔断双门仓库间的联系并在隔离门旁放置货位，因其直接影响了隔离门的使用所以称为关键货位。在原双门仓库内的一个门前设置一个临时货位。当临时货位放置了货品后，其两旁的货位称为相关货位，此时不允许进行出入库，便能实现压仓情况下相应的处置。平时存储时作为双门仓库模式存储，最大化空间利用率；当出现压仓时，将关键货位上的货品移到临时货位上，并拉开隔离门使仓库成为互通仓库，快速地进行出入库作业。在互通模式下增加的需要将关键货位的货物移至临时货位这一额外作业所增加的机会成本也需要被考虑，这些机会成本包括潜在的危险品包装损坏、次品处理、声誉下降等。综上所述，常规双门仓库存储空间较大，但同一时间只能进行一项出入库活动，出入库效率较低，且出入库设备难以协调使用，而互通危险品仓库的设计有利于危险品出库时的设备协调使用，并且对常规的多集装箱同时出库、同时入库，以及同时出入库作业都有效率提升的作用。通盘考虑互通模式与常规模式的特点后，本节具体分析两种不同作业模式的适用环境。

5.3.3 压仓条件下的危险品仓库作业方案优选方法

1. 研究问题的符号化表示

在互通仓库设计思路的指导下，可将常规的双门仓库通过设置隔离门转化为互通仓库。为了研究内容的一般性，本节只考虑出库点大于入库点的情况，出库点小于或等于入库点的情况可以做类似处理。记 C_1 和 C_3 为入库集装箱，C_2 和 C_4 为出库集装箱。假设 C_1 和 C_3 对应 m 个入库点，记为 $p_1, p_2, \cdots, p_m$，C_2 和 C_4 共对应 n 个出库点，记为 $q_1, q_2, \cdots, q_n$，其中 m 小于 n，并记 $M = \{1, 2, \cdots, m\}$，$N = \{1, 2, \cdots, n\}$。因此整个危险品出入库作业过程中共有 m 条出入库路径，$n-m$ 条出库路径。对任意的 $i \in M, j \in N$，假定叉车先从 C_1 出发，经路径 l_{C_1, p_i} 将 C_1 的危险品送抵给定的 $p_i (i \in M)$，随后经路径 l_{p_i, q_j} 在 $q_j (j \in N)$ 处取运往 C_2 的危险品，继而经路径 l_{q_j, C_2} 将危险品运抵 C_2，并经路径 l_{C_1, C_2} 空驶返回 C_1。记这样的出入库往返路线为 S_{p_i, q_j}。

假定叉车从 $C_t(t=2,3)$ 出发，沿路线 l_{C_t,q_j} 到达出库点 q_j，在 q_j 处取运往 C_t 的危险品，经路径 l_{C_t,q_j} 将危险品送至 C_t，记这样的一条出库路径为 S_{C_t,q_j}。同时，记任意两点 A 和 B 的距离为 $L(A,B)$。令常规出入库模式产生的综合成本为 z_1，时间成本为 c_t'，经济成本为 c_e'，可直接计算得到 $z_1=c_t'+c_e'$。记互通出入库模式产生的综合成本为 z_2，C_t 为直接经济成本，令叉车运行速度为 v_1，集装箱卡车运行速度为 v_2，e 为使用的叉车数目，L^* 为叉车运行路径总长度，n' 为危险品仓库的门数，易得 $c_t=e^{-1}\left[v_1^{-1}L^*+v_2^{-1}\sum_{i=1}^{n'-1}l(C_j,C_{j+1})\right]$。记 c_e 为叉车运行产生的经济成本，b 为当日燃油价格，那么 $c_e=bL^*$，因此互通仓库产生的直接成本为 $z_2(L^*)=c_t+c_e$。其中，L^* 可由遗传-神经网络算法求解得到。在危险品出入库的过程中，作业不当会导致产品包装破损或者泄漏，记包装破损的概率为 p_s，包装泄漏的概率为 p_t，在危险品包装凹损但未泄漏情况下仓库管理员有两种处理方式：一是更换同一个批次另一型号的产品；二是与客户进行交涉，使其接收该产品，该情况将会耗时 15 分钟，记产生的时间成本为 c_{dt}，t 为危险品存储数量，那么 $c_{pt}=0.25p_st$。若仓储客户未接收该产品，则仓储管理人员需要更换危险品包装，记产生的经济成本为 c_{de}，那么 $c_{de}=p_s\alpha_1$，α_1 为包装材料调节因子。在次品处理的过程中，仓库管理员需要联系客户和落实处理结果，每件次品处理大约耗时 1 小时，其产生的时间成本为 $c_{st}=p_tt$。此外，仓储管理人员需要根据危险品的价值对存储客户做出赔偿，记产生的经济成本为 c_{se}，令 α_2 为产品价值调节因子，那么 $c_{se}=p_t\alpha_2$。经调研可得，由于作业失误每小时将产生 1 000 元的经济损失，则直接机会成本为 $c_n=1\,000c_{dt}+c_{de}+1\,000c_{st}+c_{se}$，进而得到 $z_2''=c_t+c_e+c_n$。记作业失误产生的间接成本为 $c_m=\alpha_3$，其中 α_3 为存储规模影响因子。令存储量为 s，减少量为 q，调整因子为 β，费率为 h，那么 $\alpha_3=sq\beta h$，进而得到 $z_2''=c_t+c_e+c_n+c_m$。

接下来，本节分别从考虑直接机会成本和间接机会成本两个层次构建压仓条件下的互通危险品仓库作业方案分层优选模型。目标是将常规双门仓库的空间利用率，以及互通仓库出入库活动效率结合起来，模型也考虑了新方案带来的直接机会成本和间接机会成本，供不同类型的仓库管理人员选择使用。

2. 考虑直接机会成本的互通危险品仓库常规作业模型

本节主要构建直接机会成本的互通危险品仓库常规作业模型，图 5.16 是平时存储状态在不设置隔离门的情况下，仓库设计为两个常规双门仓库和一个四门互通仓库，此时空间利用率最高。图 5.17 是当进行危险品出入库作业时，将原始仓库变形为八门互通仓库。该方案借鉴集装箱堆场的翻箱作业，将关键货位的危险品转移到临时货位,进而在互通危险品仓库的环境下进行出入库作业,当出入库活动结束后,再将临时货位的危险品转移到房间内空余货位或重新放置在关键货位。

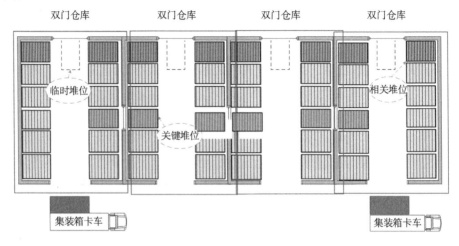

图 5.16   危险品仓库中的临时货位设置

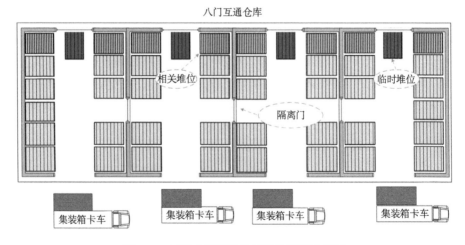

图 5.17   互通仓库下的临时货位使用示意图

当两个集装箱同时进行出库与入库危险品作业,且出入库活动时效性较强时,我们安排两辆叉车进行装卸作业。为降低算法复杂性,本节所提出的互通仓库叉车作业路径优化需做以下两点假设。首先,受危险品人工装卸因素的影响,本节仅建立入库节点与出库节点之间的匹配,为叉车的运行提供闭环路径集合;其次,从危险品运输安全性考虑,每个房间不能同时出现两辆或以上数量的叉车。在此基础上,本节以低成本和高效率为双目标,给出了互通仓库同时出入库作业双叉

车线路优化模型 z_2。并使用遗传-神经网络算法得到叉车运行路线的可行解，从而计算叉车运行路径总长度。然后计算各方案下叉车运行的时间成本、经济成本及直接机会成本。具体步骤如下。

步骤 5.9：计算常规模式下危险品出入库产生的时间成本 c_t' 和经济成本 c_e'，进一步求解直接成本 z_1。

步骤 5.10：以出入库业务的短期综合成本最低为主要目标，考虑出入库操作失误带来的直接损失，构建压仓条件下的互通危险品仓库常规作业模型如下：

$$\min z_2'' = e^{-1}\left[v_1^{-1}L^* + v_2^{-1}\sum_{i=1}^{n'-1} l\left(c_j, c_{j+1}\right) \right] + BL^* + 1\,000c_{dt} + c_{de} + 1\,000c_{st} + c_{se} \quad (5.12)$$

步骤 5.11：从最终的入库点与出库点集合中选取 $l\left(p_{i_s}, q_{j_t}\right)$ 与 $l\left(p_{i_k}, q_{j_f}\right)$，定义 $l\left(p_{i_s}, q_{j_s}\right)$ 与 $l\left(p_{i_k}, q_{j_k}\right)$ 之间的相似度为 r，将其规范化得

$$r^*\left[\left(p_{i_s}, q_{j_s}\right), \left(p_{i_k}, q_{j_k}\right)\right] = 1 - \frac{abs\left[l\left(p_{i_s}, q_{j_s}\right) - l\left(p_{i_k}, q_{j_k}\right)\right]}{\max\left\{ l\left(p_{i_s}, q_{j_s}\right), l\left(p_{i_k}, q_{j_k}\right)\right\}} \quad (5.13)$$

随后，将每一个出入库点对间的距离规范化得

$$L^*\left(p_{i_s}, q_{j_t}\right) = \frac{L\left(p_{i_s}, q_{j_t}\right) - \min_{k'\in M, f'\in N} L\left(p_{i_{k'}}, q_{j_{f'}}\right)}{\max_{k'\in M, f'\in N} L\left(p_{i_{k'}}, q_{j_{f'}}\right) - \min_{k'\in M, f'\in N} L\left(p_{i_{k'}}, q_{j_{f'}}\right)} \quad (5.14)$$

其中，相关度对应叉车运行效率；路径总长度对应叉车运行成本。

步骤 5.12：为了实现总相似度指标 r^* 及闭环路径总长度 L 最小的目标，构建多目标模型

$$\begin{cases} \min \gamma = \sum_{i_s, i_k}^m \sum_{j_t, j_f}^n \left\{ x_{i_s j_t} x_{i_k j_f} r^*\left[\left(p_{i_s}, q_{j_t}\right), \left(p_{i_k}, q_{j_f}\right)\right]\right\} + \sum_{i_s=1}^m \sum_{j_t=1}^n x_{i_s j_t} L^*\left(p_{i_s}, q_{j_t}\right) \\ \quad + \sum_{i,j=2}^3 \sum_{j_t, j_f}^{n-m} \left\{ x_{C_i j_t} x_{C_j j_f} r^*\left[\left(C_i, q_{j_t}\right), \left(C_j, q_{j_f}\right)\right]\right\} + \sum_{i=2}^3 \sum_{j_t=1}^{n-m} x_{C_i j_t} L^*\left(C_i, q_{j_t}\right) \quad (5.15) \\ \text{s.t.} \quad \sum_{i_s=1}^m x_{i_s j_t} = 1, \sum_{j_t=1}^n x_{i_s j_t} = 1, x_{i_s j_t} \in \{0,1\}, x_{i_k j_f} \in \{0,1\}, x_{C_i j_t} \in \{0,1\} \end{cases}$$

步骤 5.13：使用遗传-神经网络算法求解模型（5.15），进而得到两种方案下叉车运行出入库点对的全局最优解。

步骤 5.14：计算互通仓库内叉车运行的路径总长度 L^*，计算互通模式下出入库产生的时间成本 $c_t\left(L^*\right)$ 和经济成本 $c_e\left(L^*\right)$，进一步得到互通模式下产生的综合成本 z_2'，并将常规出入库模式综合成本与互通出入库模式综合成本进行比较，得到不同出入库模式的适用环境。

3. 考虑间接机会成本的互通危险品仓库常规作业模型

当危险品的包装损坏后，仓库方面需要按照情况进行处理。一般分成两种情况：一是包装损坏程度并没有影响内部产品那仅仅更换一个新的包装就能解决；二是如果无法单独更换包装解决，则需要更换一个新的产品。这两种情况都会需要产品所属公司相应负责人员与仓库方面相配合来处置，增加了产品所属公司（甲方）的工作量，因此产品所属公司（甲方）容易对仓库产生不满情绪甚至对仓库的安全运营能力产生怀疑。一家公司对仓库的评论将会对同行业其他公司产生参考价值，如果负面评价较多则可能导致同行业其他公司在未来的合作中不再选择此家仓库来进行货品的储存，最终导致仓库订单量下降，收益减少，而参考价值的大小决定于做出评价的公司的话语权的大小。为了方便量化话语权的大小，本节将存储量作为一个判断指标。因为其不仅能影响行业内其他公司，也能反映出此家公司对仓库现有订单量的影响。

记仓库的声誉降低使得仓库存储量下降而产生的间接成本为 $c_m = \alpha_3$，其中 $\alpha_3 = sq\beta h$。该影响因子与客户的存储规模有关，客户存储量越多，影响因子越大，产生的间接成本就越大。

本节以仓库的可持续发展、长期高质量运行为目标，构建考虑间接机会成本的互通危险品仓库常规作业模型为

$$\min z_2'' = e^{-1}\left[v_1^{-1}L^* + v_2^{-1}\sum_{i=1}^{n'-1} l\left(c_j, c_{j+1}\right) \right] + BL^* + 1\,000c_{dt} + c_{de} + 1\,000c_{st} + c_{se} + sQ\beta h$$

$$(5.16)$$

5.3.4 互通危险品仓库双叉车及三叉车出入库作业算例

1. 算例介绍

本节以上海某危险品仓库的数据为样本，运用遗传-神经网络算法分别求解双叉车和三叉车同时出入库的路径优化问题。记停在仓库门前的集装箱分别为 C_1、C_2 和 C_3，假定集装箱 C_1 和 C_3 为入库集装箱，C_2 和 C_4 为出库集装箱。假设 C_1 和 C_3 有 13 个入库点，C_2 和 C_4 共对应 16 个出库点。因此该运作过程中共有 13 条出入库往返路径和 3 条出库往返路径。仓库作业示意图如图 5.18 所示。对上海某危险品仓库实际调研得到仓库的宽度为 17.5 米，长度为 64 米，仓库门的宽度为 4 米，集装箱卡车之间的距离为 12 米，集卡到仓库的距离为 2 米，在上述条件下，本节为叉车运行提供线路优化方案。

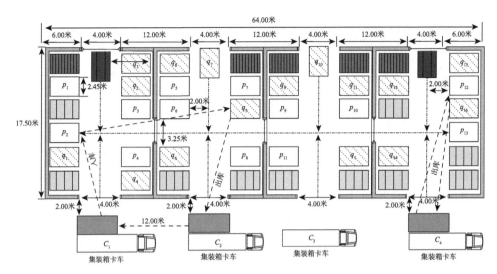

图 5.18　货位布局及叉车运行路线图

2. 考虑直接机会成本的互通危险品仓库常规作业模型

在上节给定的条件下，本节将给出双叉车六门仓库条件下的叉车线路确定方法。计算得到入库点到出库点之间闭环路径的距离，将上述数据整理成矩阵的形式，并记为 $D = \left(d_{ij}\right)_{13 \times 16}$，$D$ 中的行对应入库点，列对应出库点。其中

$$
\begin{array}{llllllll}
D = 69.750\,0 & 64.050\,0 & 77.550\,0 & 64.050\,0 & 76.700\,0 & 76.700\,0 & 76.700\,0 & 79.950\,0 \\
51.550\,0 & 57.250\,0 & 60.500\,0 & 57.250\,0 & 51.550\,0 & 48.250\,0 & 62.100\,0 & 64.550\,0 \\
51.550\,0 & 55.600\,0 & 93.300\,0 & 101.850\,0 & 53.900\,0 & 48.200\,0 & 65.300\,0 & 67.750\,0 \\
38.950\,0 & 51.150\,0 & 56.850\,0 & 44.650\,0 & 53.900\,0 & 48.200\,0 & 65.300\,0 & 67.750\,0 \\
80.550\,0 & 98.450\,0 & 80.550\,0 & 80.550\,0 & 45.600\,0 & 59.600\,0 & 57.225\,0 & 66.050\,0 \\
74.850\,0 & 92.750\,0 & 74.850\,0 & 74.850\,0 & 39.900\,0 & 53.900\,0 & 51.525\,0 & 60.350\,0 \\
80.550\,0 & 98.450\,0 & 80.550\,0 & 80.550\,0 & 59.600\,0 & 59.600\,0 & 37.225\,0 & 60.050\,0 \\
74.850\,0 & 92.750\,0 & 74.850\,0 & 74.850\,0 & 39.900\,0 & 53.900\,0 & 51.525\,0 & 60.350\,0 \\
89.550\,0 & 93.600\,0 & 131.300\,0 & 139.850\,0 & 50.350\,0 & 44.650\,0 & 59.300\,0 & 62.550\,0 \\
89.550\,0 & 93.600\,0 & 131.300\,0 & 139.850\,0 & 50.350\,0 & 44.650\,0 & 59.300\,0 & 62.550\,0 \\
66.750\,0 & 82.200\,0 & 119.900\,0 & 128.450\,0 & 50.350\,0 & 44.650\,0 & 59.300\,0 & 62.550\,0 \\
138.650\,0 & 142.700\,0 & 180.400\,0 & 188.950\,0 & 99.450\,0 & 99.450\,0 & 93.750\,0 & 108.400\,0 \\
132.950\,0 & 137.000\,0 & 174.700\,0 & 183.250\,0 & 93.750\,0 & 88.050\,0 & 102.700\,0 & 105.950\,0 \\
111.950\,0 & 108.700\,0 & 111.950\,0 & 127.100\,0 & 139.950\,0 & 134.650\,0 & 158.225\,0 & 164.525\,0 \\
70.850\,0 & 88.550\,0 & 70.850\,0 & 79.800\,0 & 134.250\,0 & 79.800\,0 & 152.525\,0 & 146.825\,0 \\
84.750\,0 & 93.300\,0 & 84.750\,0 & 79.050\,0 & 108.750\,0 & 103.050\,0 & 115.250\,0 & 85.900\,0
\end{array}
$$

84.750 0	93.300 0	84.750 0	70.050 0	108.750 0	103.050 0	115.250 0	85.900 0
114.450 0	116.075 0	114.450 0	87.600 0	115.800 0	103.600 0	121.500 0	93.300 0
108.750 0	110.375 0	108.750 0	81.900 0	110.100 0	97.900 0	115.800 0	87.600 0
98.450 0	100.950 0	98.450 0	98.450 0	116.950 0	113.700 0	119.400 0	113.700 0
108.750 0	110.375 0	108.750 0	81.900 0	110.100 0	97.900 0	115.800 0	87.600 0
93.600 0	65.000 0	93.600 0	61.750 0	55.200 0	37.300 0	66.600 0	49.500 0
93.600 0	65.000 0	93.600 0	61.750 0	55.200 0	37.300 0	66.600 0	49.500 0
93.600 0	65.000 0	93.600 0	61.750 0	55.200 0	37.300 0	66.600 0	49.500 0
111.650 0	142.700 0	114.100 0	110.850 0	69.250 0	69.250 0	79.450 0	69.250 0
137.000 0	108.400 0	137.000 0	105.150 0	63.550 0	63.550 0	73.750 0	63.550 0

通过测距可到矩阵 D 中任意的 $d_{i_1 j_1}, d_{i_2 j_2}$ ，其中， $i_1 \neq i_2, j_1 \neq j_2$ ， $i_1, i_2 \in \{1, 2, \cdots, 12\}$ ， $j_1, j_2 \in \{1, 2, \cdots, 15\}$ 。记规范化后的相似度为

$$r^* \left(d_{i_1 j_1}, d_{i_2 j_2} \right) = 1 - \frac{abs \left(d_{i_1 j_1} - d_{i_2 j_2} \right)}{\max \left\{ d_{i_1 j_1}, d_{i_2 j_2} \right\}} \tag{5.17}$$

并将矩阵 D 中任意元素 d_{ij} 规范化得到

$$d^*_{i_s j_t} = \frac{d_{i_s j_t} - \min\limits_{i \in M, j \in N} d_{ij}}{\max\limits_{i \in M, j \in N} d_{ij} - \min\limits_{i \in M, j \in N} d_{ij}} \tag{5.18}$$

继而构建最优化模型为

$$\begin{cases} \min \gamma = w_1 \sum\limits_{i_s, i_k}^{12} \sum\limits_{j_t, j_f}^{15} \left\{ x_{i_s j_t} x_{i_k j_f} r^* \left[\left(p_{i_s}, q_{j_t} \right), \left(p_{i_k}, q_{j_f} \right) \right] \right\} + w_2 \sum\limits_{i_s=1}^{12} \sum\limits_{j_t=1}^{15} x_{i_s j_t} L^* \left(p_{i_s}, q_{j_t} \right) \\ \quad + w_1 \sum\limits_{i, j=2}^{3} \sum\limits_{j_t, j_f}^{3} \left\{ x_{C_i j_t} x_{C_j j_f} r^* \left[\left(C_i, q_{j_t} \right), \left(C_j, q_{j_f} \right) \right] \right\} + w_2 \sum\limits_{i=2}^{3} \sum\limits_{j_t=1}^{3} x_{C_i j_t} L^* \left(C_i, q_{j_t} \right) \\ \text{s.t.} \quad \sum\limits_{i_s=1}^{12} x_{i_s j_t} = 1, \sum\limits_{j_t=1}^{15} x_{i_s j_t} = 1, x_{i_s j_t} \in \{0, 1\}, x_{i_k j_f} \in \{0, 1\}, x_{C_i j_t} \in \{0, 1\} \end{cases}$$

$$\tag{5.19}$$

采用遗传-神经网络算法求解上述模型。令初始种群为 50，最大迭代次数为 100，交叉概率为 p_c 等于 0.6，选择概率为 p_m 等于 0.001，BP 神经网络算法的训练次数为 1 000，训练目标为 0.001，学习速率 p_r 等于 0.05。得到仓库内叉车运行路线为

$$l^* = \begin{pmatrix} 1 & 2 & 3 & 4 & 5 & 6 & 7 & 8 & 9 & 10 & 11 & 12 & 13 \\ 4 & 5 & 2 & 6 & 3 & 7 & 8 & 10 & 11 & 9 & 14 & 13 & 16 \end{pmatrix}$$

因此通过遗传-神经网络算法可以得到一个出入库点对较优解，进一步为了确定 q_1 、 q_{12} 和 q_{13} ，这三个出库点路径，我们根据就近原则测量出库点到出库集装箱卡

车之间的距离

$$l(C_2, q_1) = 60.35, \quad l(C_4, q_{12}) = 49.3, \quad l(C_4, q_{13}) = 33.3$$

因此叉车整体运行线路为

$$l^* = \begin{pmatrix} 1 & 2 & 3 & 4 & 5 & 6 & 7 & 8 & 9 & 10 & 11 & 12 & 13 & C_2 & C_4 & C_4 \\ 4 & 5 & 2 & 6 & 3 & 7 & 8 & 11 & 12 & 9 & 14 & 13 & 16 & 1 & 10 & 15 \end{pmatrix}$$

得到互通仓库内叉车运行的总距离为 L^* 等于 998.525 米。

危险品出入库作业规范要求在同一时间在规制双门仓库空间仅有一辆叉车作业，因此在互通出入库模式中给定 e 等于 3。另外在仓库外部始终有一辆叉车等待入库。由实际调研得到上海 0# 柴油的时价为 6.88 元/升，而且柴油价格和国际油价接轨随时在变动，为了计算的方便，本节按照每千米 0.68 元计算。叉车运行速度和集卡运行速度分别为 v_1 等于 5 千米/小时，v_2 等于 15 千米/小时，入库集装箱卡车移动距离 $l(C_1, C_3)$ 等于 24 米，那么，由 $c_t = e^{-1}\left[v_1^{-1}L + v_2^{-1}\sum_{i=1}^{n'-1} l(C_j, C_{j+1}) \right]$ 可得叉车运行产生的时间成本为 c_t，等于 0.067 小时，由 $c_e = bL^*$ 可得叉车运行产生的经济成本为 c_e，等于 0.679 元。

此外，经实地调研及类比分析得到，在出入库作业时，在关键货位的包装损坏概率 p_s 等于 0.04%。另外危险品存储量 t 等于 46，得 c_{dt} 等于 0.46，c_{st} 等于 0.46。由关键货位的危险品移动操作造成的更换包装和次品处理产生的直接机会成本为

$$c_n = 9.2 + 0.0004\alpha_1 + 0.0001\alpha_2$$

进而得到压仓条件下的互通危险品仓库常规作业模型为

$$\min z_2'' = 76.897 + 0.0004\alpha_1 + 0.0001\alpha_2$$

3. 考虑间接机会成本的互通危险品仓库常规作业模型

记仓库声誉降低使得仓库存储量下降而产生的间接成本为 $c_m = \alpha_3$，该影响因子与客户的存储规模有关，客户存储量越多，影响因子越大，产生的间接成本就越高。构建考虑间接机会成本的互通危险品仓库常规作业模型为

$$\min z_2'' = 76.897 + 0.004\alpha_1 + 0.001\alpha_2 + 0.005sQ\beta h$$

从公式可以看出，随着包装材料、产品价值的增加，互通出入库模式产生的综合成本也不断增加。进一步分析可得，在更换包装成本、产品价值及客户存储量影响比较小的情况下，使用互通模式能降低成本。

对上述分析进行汇总，我们得到了如下四个结论：

第一，本节以低成本和高效率为目标，以互通仓库为样本，考虑三个影响因素，分别从直接机会成本和间接机会成本两个层次研究了压仓条件下的互通危险品仓库作业优选模型，提炼出包装材料成本、危险品价值和存储量影响三个关键

影响因素。

第二，本节模型中通过神经网络计算给出的是叉车运行路径，即闭环路径集合。至于闭环路径中各线路的运行顺序则由管理人员确定，也就是说，本节给出的模型的实施需要较好的人机交互。

第三，包装损坏概率 p_s 和次品处理概率 p_t 是通过调研取得的，企业可以根据自身情况进行调整。

第四，本节借用上海某危险品物流有限公司的实际仓库参数为模型提供了一个仿真算例，该算例的计算结果表明了模型的有效性和可行性。

5.4 本 章 小 结

为了帮助仓储企业提高服务客户的能力，本章分别以压仓条件下的互通危险品仓库、货位动态布设下的环岛危险品仓库为背景，对危险品仓库的仓储需求的管理问题进行了研究。

5.1 节我们分析了现阶段的国内外危险品仓储需求情况，介绍了四种危险品平仓仓库，特别是三种新型危险品仓库的使用特点，给出了四种危险品平仓仓库的环境适用性介绍。与此同时，我们分析了三种新型危险品仓库在智能化建设中的优势，为危险品仓库的智能化建设夯实了物理基础。

5.2 节我们给出了不同类型危险品平仓仓库的运营成本计算公式，为推断或进一步研究新型危险品仓库在市场经济中的应用前景夯实了基础。在掌握各种类型仓库的运营成本后，根据客户的个性化需求，仓储企业可以提供针对性更强的服务。另外，我们给出了叉车在不同类型仓库中行驶距离计算的经验公式。最后，我们通过一个仿真算例表明，该节给出的经验公式是有效的，仿真结果也表明，该节给出的仓储成本计算公式也是有效的。

5.3 节我们研究了对危险品仓储企业最重要时段，即压仓时段的仓储规律，并得到如下两点认识。第一，该节给出了一种压仓背景下的危险品出入库作业方案优选模型是有效的。仓储企业可以根据该模型应对特殊时段的客户仓储需求。第二，该节将压仓环境下的危险品出入库作业分为两个层次，并分别建立了只考虑效率、安全、直接成本、直接机会成本的一级出入库方案优选模型，以及只考虑效率、安全、直接成本、直接机会成本和间接机会成本的二级出入库方案优选模型。分层次的模型反映了仓储企业在面对压仓时候为提高作业效率在空间上所作出的弹性压缩，并且将效率、安全和成本纳入统一的框架，给出了仓储作业安全因素的机会成本。

在市场中，客户的仓储需求是多样的，这决定了仓储企业必须全力以赴为每一种具体的仓储需求提供仓储方案。通过互通危险品仓库和环岛危险品仓库的设计，本章向仓储企业提供了多种仓储方案选项，为仓储企业提供了支持。后期，我们将进一步研究互通危险品仓库与环岛危险品仓库的属性，以服务更多的仓储客户，满足客户个性化的仓储需求。

第 6 章　危险品平仓仓库智能化建设方案

　　以危险品平仓仓库的几何结构改造为起点,我们提出了双门危险品仓库、互通危险品仓库及环岛危险品仓库。进一步地,通过隔离门的合理使用,我们可以在三种新型危险品仓库的基础上构建更多的危险品仓储方案。上述工作所建立的多样化危险品仓库,为危险品仓库的智能化建设夯实了物理基础。在此基础上,我们提出了危险品仓库智能化建设的三阶段方案。围绕危险品仓库的三阶段方案,本章各节内容安排如下。

　　6.1 节介绍了危险品平仓仓库智能化建设的三阶段方案,即仓库几何结构改造、仓库管理软件开发及仓库管理平台建设。三个阶段分别以提供多样化的仓储方案、实现仓储作业优化及为客户提供个性化的仓储服务为目标。其中,第一阶段是基础,第二阶段是主体,第三阶段是最终目标。

　　6.2 节介绍了危险品平仓仓库智能化建筑建设阶段,该阶段的主要任务是实现危险品平仓仓库的几何结构改造。危险品平仓仓库的几何结构改造将有效帮助仓储企业更科学地统筹危险度、成本和效率等因素,帮助仓储企业深化并量化对安全级别、成本控制的认识,帮助企业为客户提供多类型的危险品仓库,供客户选择。

　　6.3 节介绍了危险品平仓仓库智能化软件建设阶段,该阶段的主要任务是建设新型危险品仓库的信息管理系统。该系统主要有以下功能:一是叉车路径规划功能。通过给定的入库点和出库点,给出叉车在仓库内运行的最佳路线。二是仓库建设咨询功能。根据系统收集的危险品仓储数据,给出仓库的几何建设意见。三是仓储咨询功能。该系统的构建是危险品仓储管理信息平台建设的第二个环节,将在整个平台的建设中起到承上启下的作用。

　　6.4 节介绍了危险品平仓仓库智能化管理平台建设阶段。该阶段将以现代化数据采集技术为手段,以全球领先的大数据处理技术为核心知识产权,创建一个危险品仓储行业的信息平台,为危险品仓储服务提供运营决策和建议,为仓储企业的多元化发展铺平道路，基本实现危险品仓库的智能化建设。

6.5 节为本章小结。

6.1　危险品平仓仓库智能化建设的三阶段方案

在高速发展的危险品仓储市场面前，在移动互联网、大数据、传感器和脑科学的强烈驱动下，社会对危险品仓库提出了数字化、智能化的建设需求。危险品仓库的智能化建设呈现出深度业务反思、学科融合、客户驱动等特征。危险品仓库的智能化不是简单地将现代技术应用到危险品仓储领域，而是为了重塑危险品仓储作业模式，为仓储客户提供个性化、自动化的服务。为了实现危险品仓库智能化的建设目标，我们先要改造现有的危险品仓库几何结构。这是因为如下三个原因：首先，现有的仓库结构以双门平仓仓库为主，在该库型下叉车运行线路单一，难于提高仓储作业效率。其次，由于仓库结构的单一，造成了现有的仓储方案单一，不利于为仓储客户提供个性化服务。最后，我国人口发展的红利正在消失，危险品平仓仓库的运营成本增幅巨大，如果不对危险品仓库进行改革，危险品仓库的成本–效益比将在现有低水平的基础上进一步严重下降。考虑到上述三个原因，我国的危险品平仓仓库结构已经到了非改造不可的地步，已经到了不智能化还将发生事故的地步。

只有多样化、差异化的仓储服务，才能真正带来行业竞争；只有健康的、以提升服务质量为核心的行业竞争，才能真正推动仓储行业的发展。基于上述理念，本章在广泛调研的基础上提出一套三阶段的危险品仓库智能化建设方案，以期为客户的危险品仓储需求提供高质量、多样化、差异化的仓储服务。智能化建设将分为仓库几何结构改造、仓库管理软件开发及仓库管理平台建设三个阶段。其中，仓库几何结构改造是智能化建设的工程基础，仓库管理软件开发是智能化建设的软件基础，仓库管理平台建设是智能化仓库管理平台的建设目标。上述三个阶段的建设目标环环相扣，依次递进，核心关系见图 6.1。

具体而言，在危险品仓库智能化建设的工程阶段，我们将通过隔离门的合理使用为客户提出多种仓储方案，进而大大增强仓储企业服务客户的能力。当客户仓储需求的时效性较强时，我们可以为客户提供环岛危险品仓库，当客户仓储作业的时效性较弱时，我们可以为客户提供双门危险品仓库。当客户有多种货物需要存储时，我们可以为客户提供仓储套餐供客户自己决定仓储方案，进一步增强客户对仓库的信任。客户是仓储企业发展的唯一理由，通过为客户提供高质量的仓储服务，企业的生存能力将得到提高。

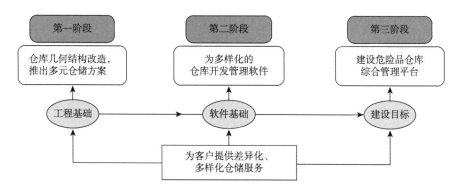

图 6.1　危险品仓库智能化建设的三个阶段

在危险品仓库几何结构改造的基础上，得益于现代化的数据处理技术，我们可以通过仿真和试点的方法研究每一种危险品仓储方案的环境适用性，进而帮助企业彻底盘查全部业务内容，确定每一个业务的流程，为危险品仓储企业编写软件，使企业具备数据自动采集、处理能力，并对企业的全部仓储业务进行信息化、自动化管理，在保证安全的前提下大幅度提升企业的仓储效率。人工智能仓储软件将重点建设支持知识推理、深度学习、概率统计等内容的计算，形成智能化的仓储生态。

客户是危险品仓库的服务对象，也是危险品仓库的利润来源。危险品仓库的运营应该紧紧围绕客户的仓储需求展开，并不断提升为客户服务的本领。为了更好地为客户提供针对性服务，危险品仓储行业需要建立开源软硬件的、终端与云端协同的、仓储需求智能化管理平台。当有了新的危险品仓储需求时，通过智能算法，该自主无人系统支撑的平台将分析客户的仓储需求，并为客户提供服务化和系统化的解决方案，赢得客户认可。

上述三个阶段首尾相连，互为因果，是层层递进的关系。随着三个阶段的建设，危险品仓库将越来越智能化、数字化及个性化，仓储活动将越来越安全可控，仓储成本将大幅度降低，仓储效率将大幅度提高。接下来，我们将分三节对危险品仓库智能化建设的三个阶段进行具体介绍。

6.2　危险品平仓仓库智能化建筑建设阶段

6.2.1　危险品仓库库型的多样化建设

目前，我国危险品生产行业产值总体呈现上升态势，详情见图 6.2 及图 6.3。

与此同时，我国的危险品仓库在同时期没有实现同步增长，跟不上我国危险品物流行业的整体增长步伐，即需求侧与供给侧的发展不同步、不匹配。也就是说，我国的危险品仓储行业存在着"亟须提高仓储供给与相对落后的技术管理水平"的矛盾。为了解决这一矛盾，仓储企业应该坚持以客户为中心，努力掌握客户仓储需求的特征及规律，量化客户的仓储需求，急客户之所急，推出多样的服务产品供客户选择，通过多样化的仓储方案帮助客户提升营利能力。另外，仓储企业需要重视仓储设备投入和理论研究的投入，对学术界持开放的态度，并通过技术创新和设备更新来提升自己的服务水平，以高质量的仓储产品赢得客户的信任。

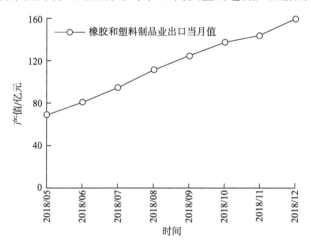

图 6.2　橡胶和塑料制品业产值折线图

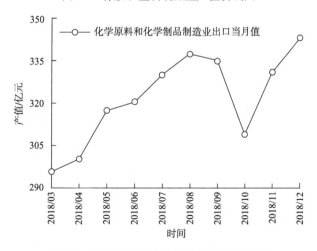

图 6.3　化学原料和化学制品业产值折线图

综合上述分析可知，为了在飞速发展的危险品仓储市场立于不败之地，仓储企业的服务升级势在必行。从长远看，社会要求危险品仓储企业拿出更多的智能化、订单化服务方案，为个性化的仓储客户提供针对性强的服务，满足客户的仓储需求。然而当仓储企业向智能化转型迈出第一步时，所面临的关键障碍不是来自技术的不足或客户的变化，而是自身只有一项双门仓库仓储方案，没有其他的方案。危险品仓库几何结构的改造是仓库产业升级及仓储条件多样化进程的物理基础。为了实现危险品仓储行业的发展，当务之急是深化对危险品仓库的几何结构改造。正是在这一思想的指导下，著者以数量最多的平仓仓库为对象，进行了一系列危险品仓库几何结构研究，设计了一系列行之有效的危险品仓库几何结构方案，在危险品仓库多样化研究迈出关键的第一步。进一步地，我们将在多元化危险品仓库的基础上，借助现代化的计算机及物联网技术，推出新一代管理信息系统。同时，我们将危险品仓储客户按照属性分类，并根据客户的特点，实现对仓储需求的分类别、分等级、分时段管理，提供有针对性的仓储服务，在保证安全的前提下提升仓储企业的效益。最后，我们基于仓库的几何结构改造与重建的仓库管理信息系统，为危险品仓储行业推出仓储需求管理平台，以实现对危险品仓储需求的智能化管理。

在对上述分析进行理论总结，我们提炼出了危险品仓储企业改革的路线图。危险品仓储企业改革共分为三个阶段，第一阶段，设计差异化、多样化、智能化的危险品仓库；第二阶段，基于多类型的危险品仓库几何结构，推出现代化的仓储管理软件，帮助仓储企业实现生产效能的提升；第三阶段，基础现代化的仓储管理系统，实现危险品仓储企业出入库作业的联网管理，并利用统计软件分析危险品仓储行业的即时生产数据，指导各危险品仓储行业的管理与经营。接下来，我们将具体介绍危险品仓库的智能化建设。

6.2.2　危险品仓库智能化建筑建设思路

第 2~5 章，我们介绍了四门、互通及环岛三种类型的危险品仓库，并为三种新型仓库管理的核心环节（即出入库作业）提供了基本的算法支持。通过最优化算法及控制技术，我们拥有了具有自动控制系统的各种自动化设备，为人-库信息交互创造了条件。同时，通过感应器建设及通信网络建设，我们有了即时的信息采集系统及通信系统。进一步地，上述自动化设备、信息采集系统与通信系统构成了危险品仓库智能化建设的框架。在此框架下，我们按照如下思路建设危险品仓库，将仓库建设成具有生命力的建筑。

具体地，危险品仓储房间的智能化包括结构的智能化、系统的智能化、服务的智能化，以及管理的智能化。在智能化的仓库中，通过隔离门的动态布设，我们可以根据客户的特点自适应地为客户匹配最优的仓库房间结构；通过先进的信息采集技术，我们可以根据仓储货物的特点自适应地为客户匹配最佳的仓库配置；通过无人叉车及仿真堆垛机械手臂，我们可以为客户提供精确的仓储作业时间，为客户提供智能化的仓储服务；通过管理人员与仓库建筑的人机交互，我们可以实现对仓库最高效率的管理。与此同时，我们还可以根据仓库的潜在客户以及长期效益综合使用仓库的各种设备，并做出更新设备等相关决策。

接下来，我们将进一步介绍新提出路线图的第二阶段和第三阶段，即危险品仓库智能化软件建设阶段和危险品仓库智能化管理平台建设阶段。

6.3　危险品平仓仓库智能化软件建设阶段

在危险品平仓仓库几何结构改革之后，第二阶段的主要任务为开发并推广危险品仓库管理信息系统，为企业的运营和多类型平仓仓库的使用提供决策支持，并通过该系统获取必要的数据，为仓储需求管理平台的搭建打下软件基础。在第二阶段运营中，仓储企业要根据历史仓储信息，制定一个"一揽子"的管理系统开发技术，培养管理信息系统管理员，联系重要的 IT 企业伙伴，并让所有的部门参与管理信息系统的再建，进而形成合力，塑造仓储企业智能化管理的文化，更好地服务危险品仓库市场。与此同时，通过管理信息系统的开发，仓储企业要实现对仓库的分等级安全管控，实现危险品仓储作业的相对安全。接下来我们介绍我国危险品仓储管理信息系统开发的技术环境。

6.3.1　管理信息系统开发的技术环境分析

1. 技术发展现状

我国的多数企业在大数据领域已有布局，这些布局不仅包括物理存储设备与处理能力的建设，也包括技术产品的研发与人才队伍的培养。在软硬件方面，国内骨干软硬件企业陆续推出自主研发的大数据基础平台产品，并且有一批信息服务企业面向特定领域研发数据分析工具，提供创新型数据服务。虽然如此，但是我国的大数据产业与发达国家相比仍然存在技术及应用上的差距，在新型计算平台、分布式计算架构、大数据处理与分析方面尤为突出，并最终造成我国的计算机企业对开源技术和软件生态系统影响力较弱。

2. 技术发展趋势

首先，数据可视化将成为企业必备的手段。现代企业的经营决策离不开数据分析，需要数据来支持他们的一举一动。然而，传统的商业智能方法往往无法释放数据的力量，它们往往太复杂、太僵化、速度太慢。与此同时，数据可视化或商业智能仪表盘将会得到越来越广泛地应用，它们可以帮助人们快速接受和消化最相关的信息。将图形和图表与功能强大且易于使用的业务分析相结合，意味着每个部门的用户不但可以看到他们的组织如何实时执行，而且还可以采取必要的行动，防止小问题变成更大的问题，并挖掘新的机会。

其次，基于大数据的预测分析将兴起。大数据分析一直是企业获得竞争优势并实现目标的关键战略之一，研究人员使用必要的分析工具来处理大数据并确定某些事件发生的原因。现在，通过大数据进行预测分析可以帮助更好地预测未来可能发生的情况。毫无疑问，这种策略在帮助分析收集的信息以预测消费者行为方面非常有效，这允许软件开发公司在开发之前了解客户的下一步行动，以确定他们必须采取的措施。通过数据分析，企业可以掌握更多的市场信息，了解市场变化的深层次原因。

6.3.2 仓库管理软件的核心业务

针对新型危险品仓库所开发的管理系统的核心技术在于分级安全管控与分区作业决策两部分。在这两部分内容中，有大量的发明专利与软件等待着我们去申请、去开发。例如，某一可行的决策模型可以由如下步骤组成。首先，制定互通仓库和叉车环岛行驶原则；其次，根据仓库内危险品存储周期计算基本参数；再次，确定安全红线下的安全度公式和最优方案决策指标；最后，采用提出的效用公式对危险品分区与否的存储方案进行综合比选，并确定最优方案。上述两部分内容中主要涉及的计算指标有仓库安全度、仓库匹配差异度、综合效用、企业长期运营成本、企业短期运营成本、企业运营权值等。服务于新型危险品仓库的管理信息系统主要包括智能拣选系统、智能管理系统两部分。

1. 仓库智能拣选业务

仓储是物流过程的重要环节，智能仓储的应用保证了仓库管理各个环节数据输入的速度和准确性，确保企业及时准确地掌握库存的真实数据，合理保持和控制企业库存。化工仓库智能拣选系统是一个高效的智能拣货系统，能使商品高效地流动，提高仓库的利用效率，减少差错。系统的自动化水平的高低直接决定了物流中心的性能高低。经过化工仓库实际调研和需求分析，著者认为该拣选系统需实现如下四种功能。

第一，实现人机交互，提高分拣货效率。通过计算机与软件的控制，借由灯号与数字显示作为辅助工具，指导员工正确、快速、轻松地完成拣货工作。

第二，多种拣选方式并存，员工根据业务情况可以灵活选择串行和并行。

第三，实现自动分配和作业均衡，高质量地完成货物分拣。

第四，通过进行拣选区域规划和储位优先级的划分实现叉车运行线路的优化。

其中，仓储企业应将安全作业监控软件集成于危险品出入库作业的路线优化功能模块中。安全作业监控软件需包含仓储作业的安全度计算公式，对于不同的危险品货位布设方案和出入库作业要求，安全作业监控软件需具有实时调整叉车运行路线的权限，从而实现安全的仓储作业，进而实现仓库作业效率的帕累托改进。

2. 仓库智能管理业务

新型仓库的管理系统需适应现代仓储行业数据集中化、管理个性化的特点，从精细化的管理出发，对货物存储和出入库等进行动态管控，实现货物生命周期的智能管理。经过详细的实际调研和理论分析，著者从订单接口、基础支持、费用计算等角度入手，为化工货物仓储管理一体化流程提炼了智能化管理的功能框架。需要指出的是，对于中小危险品仓储企业而言，他们可以选择 MySQL 作为数据库，Java Script 作为前端开发语言，并且以 SSM（Spring、SpringMVC 和 Mybatis）作为技术框架，通过数据接口与后端进行实时数据交互。另外，配置的界面友好，有利于管理人员进行线上作业。

6.4 危险品平仓仓库智能化管理平台建设阶段

在完成多样化、差异化的仓库设计及管理软件开发后，我们建设危险品仓库智能化管理平台。在智能化管理平台建设中，仓储需求管理是核心。围绕仓储需求管理，我们将各危险品仓库分散的、各自独立的资源打造成一个线上资源共享的平台，实现对客户仓储需求的高质量、差异化及个性化管理。仓储需求管理是危险品仓库智能化管理平台的核心，是未来危险品仓储行业的神经中枢，具有用户体验网络化、仓储能力服务化、仓储数据融合化、仓储资源共享化等特征。调研显示，待搭建的仓储需求管理平台主要应有四项基本功能，其中，决策支持是核心功能。下面，我们将分两小节具体阐述。

6.4.1 仓储需求管理平台的四项基本功能

当有一定数量的危险品平仓仓库采用了新的管理信息系统并联网时，我们可以获得危险品仓储行业的物流数据及仓库参数，并创建危险品仓储需求管理平台。仓储需求管理平台在分布式云网络技术的基础上构建，是危险品仓储行业的公共平台。构建该平台的意义不在于掌握危险品仓储作业的海量数据，而在于对这些数据进行专业处理，并为每一个具体仓储企业的运营、决策提供智力支持，更好地满足客户的仓储需求。在该阶段仓储行业的主要任务如下：①完成大数据分析的数据算法基础；②利用统计知识及大数据处理技术处理采集到的数据，提炼危险品仓库运营规律，给仓储企业的运营提供决策支持。危险品仓储需求管理平台的主要功能如下。

第一，支持线上线下商品统一管理。支持商品批号、规格、颜色、版本、序列号等最细节的管理；支持作业流程再造功能（流程可灵活配置）；支持按策略进行入库上架、出库、补货、拣货；支持入库中卸载、点货、质检、配盘等多操作管理，且流程可自定义；支持电商物流仓储的品种多、批量大、操作效率要求高等特点。

第二，支持多种信息交互，消除信息孤岛。整体规划主要包含 EDI 数据交互平台，以支持 RF、SCANNER、RFID 等接口及与异构系统间的开放式接口，实现与企业内外其他管理平台的数据对接。

第三，支持多点、多仓、多客户的分布式管理。支持多地点、多仓库、多客户、多供应商的集中式管理与权限管理，并且在管理过程中充分考虑平台管理过程中的责任和过错问题，为仓储企业、客户、平台设定不同的权利和义务，来实现仓储作业的相对安全。

第四，支持仓储企业的经营决策。以大数据为基础，利用统计得到的信息，以多属性决策为工具，为仓储企业的决策提供决策意见，供仓储企业参考。

在上述四项功能中，第四项决策支持功能的实现需要借助统计学、决策理论与信息管理理论的学科交叉，是仓储需求管理平台的核心。我们将在 6.4.2 小节中做进一步介绍。

6.4.2 仓储需求管理平台的决策支持功能

新型信息平台的主要功能是为仓储企业提供决策支持服务。依托于危险品仓储需求管理平台，我们可以获得全体危险品仓储作业数据，进而通过大数据分析提高我们为客户提供仓储服务的能力，提炼危险品仓储需求管理规律。一般情况下，这种决策支持服务主要包括作业支持服务、定价支持服务，以及其他支持服务。

1. 作业支持服务

首先，行业信息平台需基于客户的需求对客户资料进行分析。其次，基于大数据的建设方案评价系统对客户的资料以及需求进行分析。最后，给出客户诸如仓库布设方案、是否使用隔离门、是否分区等一系列建议，供客户参考。其中，实现上述分析的主要工具是最优化理论与多属性决策技术。软件中分析模块的核心算法是最优化理论与多属性决策技术的结合。另外，本项服务最主要的内容包括货位布设方案服务、隔离门使用服务，以及货位分区服务。

2. 定价支持服务

根据行业信息平台收集的危险品仓库货位单位价格，可以给出该行业平均价格。行业平均价格对于危险品仓库的运营决策有着决定性作用，可决定危险品仓储企业在当期的运营规划。同时，通过大数据分析行业平均定价变化趋势，可以对未来一定时期内危险品仓库的定价做出准确预测，能够为危险品仓储企业提供风险规避、企业转型等决策的重要评价指标。

3. 其他支持服务

通过信息平台的建设，仓库和客户还可以得到其他的常规的信息咨询服务。例如，根据信息平台提供的危险品仓库重要数据指标，客户可以进行仓库存储辅助决策。具体实施办法如下：客户向信息平台输入危险品物流的出发地与目的地、货物存储周期、货物种类和货物数量等信息，由信息平台为客户规划出具体的运输和存储路线，帮助客户实现成本最小化、效率最大化和风险最小化等目标。

6.4.3　危险品仓库管理平台的子系统构成

通过三个阶段的危险品仓库智能化建设，我们将建成一个智能化危险品仓库的框架。前文所给出的研究只是框架性的，为了实现危险品仓库的智能化，我们还要建立客户管理系统、仓储方案设计系统、仓库运输系统、货位存取系统、安全预警系统、仓库消防系统及仓库更新系统等，并最终建立面向客户的，以中心计算机按照算法统一控制的，全数字化、全自动化的危险品仓库。在智能化的危险品仓库中，中心计算机由管理人员分级控制，以降低成本、提高效率和保障安全为目标发布指令，控制危险品仓库的所有作业流程。下面我们具体介绍智能危险品仓库的各主要管理系统。

1. 客户管理系统

客户是仓储企业利润的来源，满足客户的仓储需求是仓储企业发展的原动力。为了向危险品仓库企业提供个性化、高质量、高效率的仓储服务，我们需要为客户管理系统设置一个友好的界面，并且以客户最满意的方式自动采集、处理客户的仓储信息。与此同时，我们要建立客户数据库，将客户聚类，分析客户仓储偏好，以及客户仓储需求变化规律，进而高效率地为客户提供仓储方案，或提供仓储方案套餐供客户选择。另外，通过系统优化，将客户的仓储信息实时在线更新，实现客户对电子单证、仓储信息的快速查询及管理。从整体上来讲，通过客户管理系统的建设，只要客户提出了仓储需求，就可以获得最适合客户特点的个性化仓储服务。

2. 仓储方案设计系统

仓储方案设计系统通过最优化理论与数据处理技术的深度融合，在大数据、物联网及多源信息融合等新技术的支撑下，从历史仓储数据中提炼不同类型危险品仓库的仓储规律，细分仓储指标，建立仓储方案数据库，并推出越来越完善的仓储方案供客户使用。进一步地，通过仓储方案设计系统高效、持续的仓储供给推动智能化的仓库在仓储市场的发展，吸引更多的仓储企业加入仓储企业改造，采集更多精准的源数据，进一步完善仓储方案数据库。

3. 仓库运输系统

仓库运输系统通过试点及仿真等手段采集海量仓库运输数据及仓储参数，进而以最优化理论为工具指导无人运输叉车，识别约束条件和资源需求，并采用先进的通信和信息技术，为每一笔仓储业务提供最高效的仓储运输服务。同时，仓库运输系统实施叉车运行风险多级管控策略，并且赋予无人叉车信息交互功能，利用合作博弈理论对无人叉车进行过程管理，实现叉车的高效、安全运行及预见性制动。进一步地，仓库运输系统构建考虑效率、成本及客户类型的多目标叉车线路优化算法，拓宽仓库运输系统的应用领域，完成复杂环境下的仓储任务。

4. 货物存取系统

智能的货物存取系统是综合性的自动存货或取货系统，该系统的主要作业环境在货位和集装箱货位，并通过对叉车司机堆垛经验的学习建立反应策略，设置智能堆垛机械手臂，根据对现场货物的识别采取适当的堆垛拆垛作业，供智能叉车在存取货物时采用。考虑到包装危险品的最大风险来源于包装破损，而包装破损往往发生在存取或运输环节，并且尤以存取环节更多，我们需要在货物存取系统设置程序，以有效处理托盘破损、货位没有货物或被放置杂物等特殊环境下的叉车作业问题，以及处理在通信中断条件下的叉车安排等问题。

5. 安全预警系统

危险品仓储作业对安全要求特别高，为了管控危险源，我们需要从危险品仓库管理系统设计的最开始即编写危险品仓库事故隐患实时排查方案，综合利用全球定位系统、感应线圈、传感器芯片、显示器等对仓储作业进行全程跟踪，对仓储设备进行全程监控，并将各类设备的工作状态实时传输到中心计算机。为了对危险品仓库可能发生的危险进行预警，我们需要在库区合理设置可燃气体探测报警装置、火灾自动报警装置、消防应急广播装置、火灾声警报警装置、感温探测器装置及消防控制室图像显示系统等。

6. 仓库消防系统

仓库消防系统包括两个子系统，其核心是一系列算法。第一个子系统是危险源识别子系统。当安全预警系统报警时，危险源识别子系统将利用模式识别算法对不确定信息进行处理，并给出对危险源的判断。第二个子系统是综合消防系统。当消防联动控制设备收到安全预警系统发出的信号后，立刻根据事先编制的应急预案，并通过消防通道和消防安全设施，综合利用智能化的自动喷水灭火系统、气体灭火系统、泡沫灭火系统、隔离门防火联动控制系统、防烟排烟系统等系统完成消防工作。

7. 仓库更新系统

仓储市场是随时间变化的，仓储设备也应该不断地更新。为给客户提供更好的服务，同时保持一定的设备利用率，仓库更新系统需要经常性地对设备进行更新。在物联网的环境下，对于一件设备，其升级往往意味着系统更新及设备替换，以及随之而来的潜在安全风险。仓库更新系统将决定在何时，以及对何设备进行更新。

上述七个系统共同支撑了我国智能危险品仓库的建设，为危险品仓储企业的发展绘制了一幅美好的蓝图。本书重点研究的工作构成了客户管理系统、仓储方案设计系统、仓库运输系统及货物存取系统的核心算法，为危险品仓库智能化提供了一个三阶段的建设方案。通过该建设方案，我们将建设智能化、多样化、自动化，以及数字化的危险品平仓仓库。需要指出的是，在未来的智能危险品平仓仓库中还包括捡货管理系统、仓库盘点系统、仓库补货系统等，由于已有学者研究这些子系统，本书将不再阐述[168~170]。

6.5 本 章 小 结

本章以实现我国危险品仓库的智能化为目标，给出了一种包括三个发展阶段的危险品仓库智能化建设方案。目前国内学者对危险品仓储行业的研究较少。希望读者通过本章的介绍能对危险品仓库，特别是平仓仓库的发展前景形成一些定性的认识。当然，由于调研的相对性、市场的变化，以及我们分析问题的局限性，本章内容未必能完全得到实现，虽然如此，我们仍然希望为大家介绍一些自身的知识，进而带来一些有益的思考。

第7章 总结与展望

本书以危险品仓库的几何结构改造为突破口，以再建危险品仓储企业管理系统为软件保障，提出建设我国危险品仓储行业的仓储需求管理平台，为仓储行业指出了一条智能化管理危险品仓储需求的发展道路。本书的目标是打造危险品仓储需求管理平台，将各危险品仓库分散的、各自独立的资源打造成一个线上资源共享的平台，打造成未来危险品仓储行业的神经中枢，实现对客户仓储需求的高质量、差异化及个性化的服务。

首先，在保障安全的前提下，本书以提升仓储企业的服务质量为目标，原创性地研究了中国建筑面积最大、数量最多的包装危险品仓库——双门平仓仓库，并利用一系列数学模型实现了平仓仓库的几何结构改造，实现了平仓仓库仓储作业效率的分阶段帕累托提升。具体地，本书借鉴新加坡等世界一流危险品仓库的建设和管理经验，分危险品仓库几何结构改造、叉车线路优化及仓储需求管理三部分，紧紧抓住"出入库作业"这一危险品仓库业务的核心环节展开研究。

其次，本书以多样化、差异化的危险品仓库为基础，以最新的数字技术为工具，为仓储企业再建危险品仓库管理信息系统提供了参考意见，为仓储企业使用多类型的平仓仓库提供决策支持，并通过在建的仓库管理信息系统获取必要的数据，为仓储需求管理平台的搭建打下软件基础。

最后，本书以最优化理论和多属性决策理论为主要工具，有效结合建筑、计算机编程、统计分析等技术，推动危险品平仓仓库改造，并利用新设计的多样化、差异化的危险品仓库，推动危险品仓库智能化建设。本书的最终目标是帮助仓储企业提出更好、更多的仓储方案，建设智能化的危险品平仓仓库，满足客户的个性化仓储需求，进而推动整个仓储行业的发展。

在学术上，本书的最大贡献是给出了危险品平仓仓库仓储作业的安全度计算公式，以及提炼了危险品仓库作业的三次指派模型，特色是将最优化理论与多属性决策理论结合起来。在工程上，本书创造性地给出了危险品平仓仓库改造的"一揽子"方案，为中国危险品平仓仓库的信息化改造绘制了路线图，并且为不同的危险品仓库指出个性化的发展方向。

　　研究内容的增加是不断深化危险品仓库研究的源泉。我们今后将利用比较优势等经济学理论，重点研究多仓储方案条件下的仓储定价问题、多定价条件下的仓储方案决策问题、互通及环岛危险品平仓仓库的碳排放管理问题，以及仓储企业经济行为分析等问题，并提出一些基于学科交叉的新理论。另外，本书对危险品仓库智能化道路的认识尚不够具体，但本书更在意的是对研究思路、研究判断的启发性阐述。这种阐述将有助于我们了解我国现阶段的危险品仓储行业的主要矛盾，有助于我们进一步思考我国当前危险品仓储安全问题的严重性。未来危险品仓库的研究将从几何结构设计，逐渐向危险品仓储管理、危险品仓库节能减排、危险品仓库叉车启停等方向发展，研究的内容也将更加精细化、系统化。我们希望有更多的研究者投入上述理论研究，与我们一起努力探索仓储规律，提炼科学问题，为我国的危险品仓储事业贡献力量。

参 考 文 献

[1] 胡万吉. 2009—2018年我国化工事故统计与分析[J]. 今日消防, 2019, （2）: 3-7.

[2] 中华人民共和国国务院. 危险化学品安全管理条例[Z]. 中华人民共和国国务院网站. http://www.gov.cn/flfg/2011-03/11/content_1822902.htm, 2011.

[3] 中华人民共和国交通运输部. 道路危险货物运输管理规定[Z]. 中华人民共和国交通部网站. http://www.gov.cn/gongbao/content/2013/content_2390161.htm, 2013.

[4] 全国危险化学品管理标准化技术委员会, 中国标准出版社第二编辑室. 危险化学品标准汇编·包装、储运卷: 基础标准[M]. 2版. 北京: 中国标准出版社, 2011.

[5] 伍德里奇 J M. 计量经济学导论: 现代观点[M]. 5版. 张成思, 李红, 张步昙译. 北京: 中国人民大学出版社, 2015.

[6] 周艳, 白燕, 屠琳桓, 等. 危险品运输与管理[M]. 北京: 清华大学出版社, 2018.

[7] 胡克维. 自动导引小车AGV 的导航和避障技术研究[D]. 浙江大学硕士学位论文, 2012.

[8] 廖虎昌. 复杂模糊多属性决策理论与方法[M]. 北京: 科学出版社, 2016.

[9] JB/T 10822-2008. 自动化立体仓库设计通则[S]. 北京: 机械工业出版社, 2008.

[10] GB 50016-2014. 建筑设计防火规范（2018年版）[S]. 北京: 中国计划出版社, 2018.

[11] GB 50140-2005. 建筑灭火器配置设计规范[S]. 北京: 中国计划出版社, 2005.

[12] GB 50116-2013. 火灾自动报警系统设计规范[S]. 北京: 中国计划出版社, 2013.

[13] GB 50084-2017. 自动喷水灭火系统设计规范[S]. 北京: 中国计划出版社, 2017.

[14] GB 50974-2014. 消防给水及消火栓系统技术规范[S]. 北京: 中国计划出版社, 2014.

[15] AQ 3047-2013. 化学品作业场所安全警示标志规范[S]. 北京: 煤炭工业出版社, 2013.

[16] Fegraus E H, Lin K, Ahumada J A, et al. Data acquisition and management software for camera trap data: a case study from the TEAM network[J]. Ecological Informatics, 2011, 6(6): 345-353.

[17] Rybicki J, Scheuermann B, Mauve M. Peer-to-peer data structures for cooperative traffic information systems[J]. Pervasive and Mobile Computing, 2012, 8（2）: 194-209.

[18] Jie L, van Zuylen H, Chunhua L, et al. Monitoring travel times in an urban network using video, GPS and bluetooth[J]. Procedia-Social and Behavioral Sciences, 2011, 20: 630-637.

[19] Walker J J, de Beurs K M, Wynne R H, et al. Evaluation of Landsat and MODIS data fusion

products for analysis of dryland forest phenology[J]. Remote Sensing of Environment, 2012, 117: 381-393.

[20] Bachmann C, Roorda M J, Abdulhai B, et al. Fusing a bluetooth traffic monitoring system with loop detector data for improved freeway traffic speed estimation[J]. Journal of Intelligent Transportation Systems, 2013, 17（2）: 152-164.

[21] Chudik A, Pesaran M H. Common correlated effects estimation of heterogeneous dynamic panel data models with weakly exogenous regressors[J]. Journal of Econometrics, 2015, 188（2）: 393-420.

[22] Rigas F, Sklavounos S. Risk and consequence analyses of hazardous chemicals in marshalling yards and warehouses at Ikonio/Piraeus harbour, Greece[J]. Journal of Loss Prevention in the Process Industries, 2002, 15（6）: 531-544.

[23] Gaci O, Mathieu H. Simulation of a segregation strategy in a warehouse of dangerous goods by a multi-agent system[C]//Computational Intelligence and Informatics（CINTI）. 2011 IEEE 12th International Symposium on. IEEE, 2011: 103-108.

[24] Liu X Y, Li J J, Li X W. Study of dynamic risk management system for flammable and explosive dangerous chemicals storage area[J]. Journal of Loss Prevention in the Process Industries, 2017, 49: 983-988.

[25] Zhou Y, Wang J H. A local search-based multiobjective optimization algorithm for multiobjective vehicle routing problem with time windows[J]. IEEE Systems Journal, 2015, 9（3）: 1100-1113.

[26] Kovacs A A, Parragh S N, Hartl R F. The multi-objective generalized consistent vehicle routing problem[J]. European Journal of Operational Research, 2015, 247（2）: 441-458.

[27] Malikopoulos A A. A multiobjective optimization framework for online stochastic optimal control in hybrid electric vehicles[J]. IEEE Transactions on Control Systems Technology, 2016, 24（2）: 440-450.

[28] Wang J H, Zhou Y, Wang Y, et al. Multiobjective vehicle routing problems with simultaneous delivery and pickup and time windows: formulation, instances, and algorithms[J]. IEEE Transactions on Cybernetics, 2016, 46（3）: 582-594.

[29] Azizipanah-Abarghooee R, Terzija V, Golestaneh F, et al. Multiobjective dynamic optimal power flow considering fuzzy-based smart utilization of mobile electric vehicles[J]. IEEE Transactions on Industrial Informatics, 2016, 12（2）: 503-514.

[30] Lu X H, Zhou K L, Yang S L. Multi-objective optimal dispatch of microgrid containing electric vehicles[J]. Journal of Cleaner Production, 2017, 165: 1572-1581.

[31] Zhang L, Hu X S, Wang Z P, et al. Multiobjective optimal sizing of hybrid energy storage system for electric vehicles[J]. IEEE Transactions on Vehicular Technology, 2018, 67（2）: 1027-1035.

[32] Caraveo C, Valdez F, Castillo O. Optimization of fuzzy controller design using a new bee colony

algorithm with fuzzy dynamic parameter adaptation[J]. Applied Soft Computing, 2016, 43: 131-142.

[33] Castillo O, Neyoy H, Soria J, et al. A new approach for dynamic fuzzy logic parameter tuning in ant colony optimization and its application in fuzzy control of a mobile robot[J]. Applied Soft Computing, 2015, 28: 150-159.

[34] Xu Z S, Zhao N. Information fusion for intuitionistic fuzzy decision making: an overview[J]. Information Fusion, 2016, 28: 10-23.

[35] Zhang F W, Xu S H. Multiple attribute group decision making method based on utility theory under interval-valued intuitionistic fuzzy environment[J]. Group Decision and Negotiation, 2016, 25（6）: 1261-1275.

[36] Wei G W, Lu M. Pythagorean fuzzy Maclaurin symmetric mean operators in multiple attribute decision making[J]. International Journal of Intelligent Systems, 2018, 33（5）: 1043-1070.

[37] Xu Z S, Xia M M. Distance and similarity measures for hesitant fuzzy sets[J]. Information Sciences, 2011, 181（11）: 2128-2138.

[38] Tang J J, Liu F, Zou Y J, et al. An improved fuzzy neural network for traffic speed prediction considering periodic characteristic[J]. IEEE Transactions on Intelligent Transportation Systems, 2017, 18（9）: 2340-2350.

[39] Tang J J, Zhang G H, Wang Y H, et al. A hybrid approach to integrate fuzzy C-means based imputation method with genetic algorithm for missing traffic volume data estimation[J]. Transportation Research Part C: Emerging Technologies, 2015, 51: 29-40.

[40] Shekarian E, Olugu E U, Abdul-Rashid S H, et al. A fuzzy reverse logistics inventory system integrating economic order/production quantity models[J]. International Journal of Fuzzy Systems, 2016, 18（6）: 1141-1161.

[41] Zhang F W, Sun J, Liew G K, et al. The application model of the isolated door in interconnected hazards warehouse[J]. IEEE Access, 2019, 7: 13159-13169.

[42] 张方伟, 孙晶, 吴忠君, 等. 一种基于犹豫距离集的危险品仓库隔离门选择方法[P]: 中国, CN201811385382.9, 2019-04-05.

[43] 张方伟, 孙晶, 吴忠君, 等. 一种互通危险品仓库隔离门的选择方法[P]: 中国, CN201811385396.0, 2021-10-08.

[44] Tse Y K, Tan K H, Ting S L, et al. Improving postponement operation in warehouse: an intelligent pick-and-pack decision-support system[J]. International Journal of Production Research, 2012, 50（24）: 7181-7197.

[45] Pulungan R, Nugroho S P, El Maidah N, et al. Design of an intelligent warehouse management system[J]. Information Systems, 2013, 2: 263-268.

[46] Mao J, Xing H, Zhang X. Design of intelligent warehouse management system[J]. Wireless

Personal Communications，2018，102（2）：1355-1367.

[47] 李明. 智慧仓库规划与设计：自动化拆零拣选系统配置优化[M]. 北京：机械工业出版社，2018.

[48] 剑桥经济研究所. 2030年将有2000万制造业职位被机器人取代[EB/OL]. 牛津经济，2016，http://www.sohu.com/a/323393202_413981.

[49] Roncoli C，Bersani C，Sacile R. A risk-based system of systems approach to control the transport flows of dangerous goods by road[J]. IEEE Systems Journal，2012，7（4）：561-570.

[50] Zhao B. Facts and lessons related to the explosion accident in Tianjin port，China[J]. Natural Hazards，2016，84（1）：707-713.

[51] Kubác L. The application of internet of things in logistics[J]. International Journal of Transport & Logistics，2016，16（39）：9-18.

[52] Trab S，Bajic E，Zouinkhi A，et al. A communicating object's approach for smart logistics and safety issues in warehouses[J]. Concurrent Engineering，2017，25（1）：53-67.

[53] 彭小利，郑林江，蒲国林，等. 制造物联环境下智能仓库货位分配模型[J]. 计算机应用研究，2018，35（1）：24-30，34.

[54] Petersen C G. The impact of routing and storage policies on warehouse efficiency[J]. International Journal of Operations & Production Management，1999，19（10）：1053-1064.

[55] Hsieh L，Tsai L. The optimum design of a warehouse system on order picking efficiency[J]. International Journal of Advanced Manufacturing Technology，2006，28（5/6）：626-637.

[56] Larco J A，de Koster R，Roodbergen K J，et al. Managing warehouse efficiency and worker discomfort through enhanced storage assignment decisions[J]. International Journal of Production Research，2017，55（21）：6407-6422.

[57] Quintanilla S，Pérez Á，Ballestín F，et al. Heuristic algorithms for a storage location assignment problem in a chaotic warehouse[J]. Engineering Optimization，2015，47（10）：1405-1422.

[58] Seval E，İlker K，Aslı A，et al. A genetic algorithm for minimizing energy consumption in warehouses[J]. Energy，2016，114：973-980.

[59] 谭熠峰，孙婷婷，徐新民. 基于动态因子和共享适应度的改进粒子群算法[J]. 浙江大学学报（理学版），2016，43（6）：696-700.

[60] 张衍会，邱建东，汤旻安. 一种货架共用模式自动化立体仓库货位优化[J]. 计算机应用与软件，2017，34（7）：262-266，272.

[61] Ardjmand E，Shakeri H，Singh M，et al. Minimizing order picking makespan with multiple pickers in a wave picking warehouse[J]. International Journal of Production Economics，2018，206：169-183.

[62] Nazemi A，Omidi F. An efficient dynamic model for solving the shortest path problem[J]. Transportation Research Part C：Emerging Technologies，2013，26：1-19.

[63] Cheng J，Abdel L. Maximum probability shortest path problem[J]. Discrete Applied Mathematics，2015，192：40-48.

[64] Wang L，Yang L，Gao Z. The constrained shortest path problem with stochastic correlated link travel times[J]. European Journal of Operational Research，2016，255：43-57.

[65] Jiang R，Wang H，Tian S，et al. Multidimensional fitness function DPSO algorithm for analog test point selection[J]. IEEE Transactions on Instrumentation and Measurement，2010，59（6）：1634-1641.

[66] Xiong T，Bao Y，Hu Z，et al. Forecasting interval time series using a fully complex-valued RBF neural network with DPSO and PSO algorithms [J]. Information Sciences，2015，305：77-92.

[67] Pradeepmon T G，Sridharan R，Panicker V V. Development of modified discrete particle swarm optimization algorithm for quadratic assignment problems [J]. International Journal of Industrial Engineering Computations，2018，9（4）：491-508.

[68] Morteza B，Frank S. Modeling hazardous materials risks for different train make-up plans[J]. Transportation Research Part E：Logistics and Transportation Review，2012，48：907-918.

[69] Zhao J，Huang L X，Lee D H，et al. Improved approaches to the network design problem in regional hazardous waste management systems[J]. Transportation Research Part E：Logistics and Transportation Review，2016，88：52-75.

[70] Yashoda D，Dean J，Linda N. Identifying geographically diverse routes for the transportation of hazardous materials[J]. Transportation Research Part E：Logistics and Transportation Review，2008，44：333-349.

[71] Assadipour G，Ke G Y，Verma M. Planning and managing intermodal transportation of hazardous materials with capacity selection and congestion[J]. Transportation Research Part E：Logistics and Transportation Review，2015，76：45-57.

[72] Chow H K H，Choy K L，Lee W B，et al. Design of a RFID case-based resource management system for warehouse operations[J]. Expert Systems with Applications，2006，30（4）：561-576.

[73] Cui L，Wang L，Deng J，et al. Intelligent algorithms for a new joint replenishment and synthetical delivery problem in a warehouse centralized supply chain[J]. Knowledge-Based Systems，2015，90：185-198.

[74] Lee C K M，Lv Y，Ng K K H，et al. Design and application of internet of things-based on warehouse management system for smart logistics[J]. International Journal of Production Research，2018，56：2753-2768.

[75] Chiang D M H，Lin C P，Chen M C. The adaptive approach for storage assignment by mining data of warehouse management system for distribution centres[J]. Enterprise Information System，2011，5（2）：219-234.

[76] Francesco A，Francesco B，Pasquale C. An approach to control automated warehouse systems[J].

Control Engineer Practice, 2005, 13（10）: 1223-1241.

[77] Oudheusden V, Zhu W. Storage layout of AS/RS racks based on recurrent orders[J]. European Journal of Operational Research, 1992, 58: 48-56.

[78] El Maraghy H A. Automated tool management in flexible manufacturing[J]. Journal of Manufacturing Systems, 1985, 4（1）: 1-13.

[79] Javier B, Juan M C. Neural networks in distributed computing and artificial intelligence[J]. Neurocomputing, 2018, 272（10）: 1-2.

[80] Dan S. Application of neural networks to optimal robot trajectory planning[J]. Robotics and Autonomous System, 1993, 11（1）: 23-24.

[81] Woonggie H, Seungmin B, Taeyong K. Gentic algorithm based path planning and dynamic obstacle avoidance of mobile robots[C]//IEEE International Conference on Computational Cybemetics and Simulation, 1997: 2747-2751.

[82] Xia Y S, Feng G, Wang J. A recurrent neural network with exponential convergence for solving convex quadratic program and related linear piecewise equation[J]. Neural Networks, 2004, 17: 1003-1015.

[83] Gabriel V, Juan F D, Pablo C, et al. Artificail neural networks used in optimization problems[J]. Neurcomputing, 2018, 272（10）: 10-16.

[84] Eleonora B, Margherita C, Giuseppe V, et al. Optimisation of storage allocation in order picking operations through a genetic algorithm[J]. International Journal of Logistics: Research and Applications, 2012, 15（2）: 127-146.

[85] Deb K, Pratap A, Agarwal S, et al. A fast and elitist multiobjective genetic algorithm: NSGA II[J]. IEEE Transaction, 2002, 6: 182-197.

[86] Verma M, Verter V, Zufferey N. A bi-objective model for planning and managing rail-truck intermodal transportation of hazardous materials[J]. Transportation Research Part E: Logistics and Transportation Review, 2012, 48（1）: 132-149.

[87] Storage Association of Dangerous Goods of China Warehouse Association. Investigation report on the current situation of dangerous goods warehousing industry in China[J]. Logistics Engineering and Management, 2008, 10（3）: 35-37.

[88] Nozick L K, Morlok E K. A model for medium-term operations planning in an intermodal rail-truck service[J]. Transportation Research Part A: Policy and Practice, 1997, 31（2）: 91-107.

[89] 唐朝纲. 危险化学品安全管理基础[M]. 北京: 机械工业出版社, 2014.

[90] Mazzarotta B. Risk reduction when transporting dangerous goods: road or rail?[J]. Risk Decision Policy, 2002, 7: 45-56.

[91] Federal Railroad Administration, U.S. Department of Transportation. Accident downloads on demand[R]. https://railroads.dot.gov/sites/fra.dot.gov/files/2019-09/accfile_ThruMay2011.pdf,

2011.

[92] Saccomanno F F, El-Hage S. Minimizing derailments of railway cars carrying dangerous commodities through effective marshalling strategies [J].Transportation Research Record, 1989, 1245: 34-51.

[93] Chen J J, Zhao P, Liang H W, et al. A multiple attribute-based decision making model for autonomous vehicle in urban environment[C]//2014 IEEE Intelligent Vehicles Symposium Proceedings, Dearborn, MI, USA, DOI: 10.1109/IVS.2014.6856470, 2014.

[94] Yang T H, Hung C C. Multiple-attribute decision making methods for plant layout design problem[J]. Robotics and Computer-Integrated Manufacturing, 2007, 23: 126-137.

[95] Tzeng G H, Huang J J. Multiple Attribute Decision Making: Methods and Applications[M]. New York: Chapman and Hall/CRC, 2011.

[96] Huang K Y, Li H. A multi-attribute decision-making model for the robust classification of multiple inputs and outputs datasets with uncertainty[J] .Applied Soft Computing, 2016, 38: 176-189.

[97] Xu Z S, Xia M M. On distance and correction measures of hesitant fuzzy information[J]. International Journal of Intelligence System, 2011, 26（5）: 410-425.

[98] Peng D H, Gao C Y, Gao Z F. Generalized hesitant fuzzy synergetic weighted distance measures and their application to multiple criteria decision-making[J]. Applied Mathematical Modeling, 2013, 37（8）: 5837-5850.

[99] Onar S C, Oztaysi B, Kahraman C. Strategic decision selection using hesitant fuzzy TOPSIS and interval type-2 fuzzy AHP: a case study[J]. International Journal Compute Intelligence System, 2014, 7（5）: 1002-1021.

[100] Liao H C, Xu Z S, Zeng X J. Distance and similarity measures for hesitant fuzzy linguistic term sets and their applications in multi-criteria decision making [J]. Information Science, 2014, 271: 125-142.

[101] Farhadinia B. Hesitant fuzzy set lexicographical ordering and its application to multi-attribute decision making[J] . Information Science, 2016, 327: 233-245.

[102] Zhang F W, Li J B, Chen J H, et al. Hesitant distance set on hesitant fuzzy sets and its application in urban road traffic state identification[J]. Engineer Applications of Artificial Intelligence, 2017, 61: 57-64.

[103] Shi Y, Eberhart R C. Parameter selection in particle swarm optimization[C]//International Conference on Evolutionary Programming. New York: Springer, 1998: 591-600.

[104] Shi Y. Particle swarm optimization: developments, applications and resources[C]//Evolutionary Computation. Proceedings of the 2001 Congress on IEEE, 2001, 1: 81-86.

[105] Trelea I C. The particle swarm optimization algorithm: convergence analysis and parameter

selection[J]. Information Processing Letters，2003，85（6）：317-325.

[106] Poli R，Kennedy J，Blackwell T. Particle swarm optimization[J]. Swarm Intelligence，2007，1（1）：33-57.

[107] Davie E W，Ratnoff O D. Waterfall sequence for intrinsic blood clotting[J]. Science，1964，145（3638）：1310-1312.

[108] Downey J M，Kirk E S. Inhibition of coronary blood flow by a vascular waterfall mechanism[J]. Circulation Research，1975，36（6）：753-760.

[109] Burattini R，Sipkema P，van Huis G A，et al. Identification of canine coronary resistance and intramyocardial compliance on the basis of the waterfall model[J]. Annals of Biomedical Engineering，1985，13（5）：385-404.

[110] Estanjini R M，Lin Y，Li K，et al. Optimizing warehouse forklift dispatching using a sensor network and stochastic learning[J]. IEEE Transactions on Industrial Informatics，2011，7（3）：476-486.

[111] Vivaldini K C，Galdame J P，Bueno T S，et al. Robotic forklifts for intelligent warehouses：routing，path planning，and auto-localization[C]//Industrial Technology（ICIT）. 2010 IEEE International Conference on IEEE，2010：1463-1468.

[112] Tamba T A，Hong B，Hong K S. A path following control of an unmanned autonomous forklift[J]. International Journal of Control，Automation and Systems，2009，7（1）：113-122.

[113] Hendershot D C. Alternatives for reducing the risks of hazardous material storage facilities[J]. Environmental Progress，1988，7（3）：180-184.

[114] Huang W C，Zhang Y，Zuo B，et al. Using an expanded safety failure event network to analyze railway dangerous goods transportation system risk-accident[J]. Journal of Loss Prevention in the Process Industries，2020，65：104122.

[115] Muppani V R，Adil G K. Efficient formation of storage classes for warehouse storage location assignment：a simulated annealing approach[J]. Omega，2008，36（4）：609-618.

[116] Chen J R，Zhang M G，Yu S J，et al. A Bayesian network for the transportation accidents of hazardous materials handling time assessment[J]. Procedia Engineering，2018，211：63-69.

[117] Fu L，Fang J，Cao S，et al. A cellular automaton model for exit selection behavior simulation during evacuation processes[J]. Procedia Engineering，2018，211：169-175.

[118] Deacon T，Amyotte P R，Khan F I，et al. A framework for human error analysis of offshore evacuations[J]. Safety Science，2013，51（1）：319-327.

[119] Silva E C. Accidents and the technology[J]. Journal of Loss Prevention in the Process Industries，2017，49：319-325.

[120] Ma C X，Hao W，He R，et al. A multiobjective route robust optimization model and algorithm for hazmat transportation[J]. Discrete Dynamics in Nature and Society，2018，（2）：1-12.

[121] Verma M, Verter V. A lead-time based approach for planning rail-truck intermodal transportation of dangerous goods[J]. European Journal of Operational Research, 2010, 202（3）: 696-706.

[122] Verma M. Railroad transportation of dangerous goods: a conditional exposure approach to minimize transport risk[J]. Transportation Research Part C: Emerging Technologies, 2011, 19（5）: 790-802.

[123] Verma M, Verter V, Gendreau M. A tactical planning model for railroad transportation of dangerous goods[J]. Transportation Science, 2011, 45（2）: 163-174.

[124] Dokeroglu T, Cosar A. A novel multistart hyper-heuristic algorithm on the grid for the quadratic assignment problem[J]. Engineering Applications of Artificial Intelligence, 2016, 52: 10-25.

[125] Benlic U, Hao J K. Memetic search for the quadratic assignment problem[J]. Expert Systems with Applications, 2015, 42（1）: 584-595.

[126] Hafiz F, Abdennour A. Particle swarm algorithm variants for the quadratic assignment problems-a probabilistic learning approach[J]. Expert Systems with Applications, 2016, 44: 413-431.

[127] Wu W, Xu Y S. Deterministic convergence of an online gradient method for neural network[J]. Journal of Computational and Applied Mathematics, 2002, 144（1）: 335-347.

[128] Li Z X, Wu W, Tian Y L. Convergence of an online gradient method for feedforward neural networks with stochastic inputs[J]. Journal of Computational and Applied Mathematics, 2004, 163（1）: 165-176.

[129] Wu W, Feng G R. Deterministic convergence of an online gradient method for BP neural networks[J]. IEEE Transaction in Neural Networks, 2005, 16（3）: 533-640.

[130] Zhang N M, Wu W, Zhang G F. Convergence of gradient method with momentum for two-layer feedforward neural network [J]. IEEE Transaction in Neural Networks, 2006, 17（2）: 522-525.

[131] Wang J, Yang J, Wu W. Convergence of cyclic almost-cyclic learning with momentum for feedforward neural network[J]. IEEE Transaction on Neural Networks, 2011, 22（8）: 1297-1306.

[132] Schütt K T, Arbabzadah F, Chmiela S, et al. Quantum-chemical insights from deep tensor neural networks[J]. Nature Communications, 2017, 8: 13890.

[133] Carleo G, Troyer M. Solving the quantum many-body problem with artificial neural networks[J]. Science, 2017, 355（6325）: 602-606.

[134] Gu J, Wang Z, Kuen J, et al. Recent advances in convolutional neural networks[J]. Pattern Recognition, 2018, 77: 354-377.

[135] 王磊. 不确定性条件下危险品仓储管理优化研究[D]. 西南交通大学硕士学位论文, 2018.

[136] 张方伟, 曲淑英, 王志强, 等. 偏差最小化方法及其在多属性决策中的应用[J].山东大学学报（理学版）, 2007, 42（3）: 32-35.

[137] Xu G, Yang H, Liu W, et al. Itinerary choice and advance ticket booking for high-speed-railway

network services[J]. Transportation Research Part C: Emerging Technologies, 2018, 95: 82-104.

[138] Wu Z J, Zhang F W, Sun J, et al. Novel parameterized utility function on dual hesitant fuzzy rough sets and its application in pattern recognition[J]. Information, 2019, 10（2）: 71.

[139] Ma C X, Hao W, Pan F, et al. Road screening and distribution route multiobjective robust optimization for hazardous materials based on neural network and genetic algorithm[J]. PLoS ONE, 2018, 13（6）: 1-22.

[140] Hwang S J, Damelin S B, Hero A O. Shortest path through random points[J]. arXiv Preprint arXiv, 2016, 26（5）: 2791-2823.

[141] Heragu S S, Du L, Mantel R J, et al. Mathematical model for warehouse design and product allocation[J]. International Journal of Production Research, 2005, 43（2）: 327-338.

[142] Costa A, Ramakrishnan M, Taylor P G. A distributed approach to capacity allocation in logical networks[J]. European Journal of Operational Research, 2010, 203: 737-748.

[143] Kuo R J, Wibowo B S, Zulvia F E. Application of a fuzzy ant colony system to solve the dynamic vehicle routing problem with uncertain service time[J]. Applied Mathematical Modelling, 2016, 40（23/24）: 9990-10001.

[144] Yachba K, Gelareh S, Bouamrane K. Storage management of hazardous containers using the genetic algorithm[J]. Transport and Telecommunication Journal, 2016, 17（4）: 371-383.

[145] Molero G D, Santarremigia F E, Aragonés-Beltrán P, et al. Total safety by design: increased safety and operability of supply chain of inland terminals for containers with dangerous goods[J]. Safety Science, 2017, 100: 168-182.

[146] 廖铄澔, 刘怡杉. 交通环岛优化模型设计及应用[J]. 交通标准化, 2010, （15）: 245-250.

[147] Tian R, Li S, Li N, et al. Adaptive game-theoretic decision making for autonomous vehicle control at roundabouts[R]. IEEE, 2018.

[148] Mesbah M, Sarvi M, Currie G. Optimization of transit priority in the transportation network using a genetic algorithm[J]. IEEE Transactions on Intelligent Transportation Systems, 2011, 12（3）: 908-919.

[149] Chen X, Zhang L, He X, et al. Surrogate-based optimization of expensive-to-evaluate objective for optimal highway toll charges in transportation network[J]. Computer-Aided Civil and Infrastructure Engineering, 2014, 29（5）: 359-381.

[150] Shahabi M, Unnikrishnan A, Boyles S D. Robust optimization strategy for the shortest path problem under uncertain link travel cost distribution[J]. Computer-Aided Civil and Infrastructure Engineering, 2015, 30（6）: 433-448.

[151] Marinakis Y, Migdalas A, Sifaleras A. A hybrid particle swarm optimization-variable neighborhood search algorithm for constrained shortest path problems [J]. European Journal of Operational Research, 2017, 261（3）: 819-834.

[152] 李军，魏玲艳，李翔宇. 基于偏离度的仓储中心拣货路径优化研究[J]. 辽东学院学报（社会科学版），2018，20（2）：29-37.

[153] 中国安防行业网. 美国等西方国家如何加强危化品安全管理 [EB/OL]. http://www.21csp.com.cn/zhanti/wspcy2013/article/article_11140.html，2013-10-23.

[154] 王次宝，吴强. 加拿大化学品管理立法特色与启示[J]. 环境科学与管理，2010，35（2）：22-26.

[155] Stoll J，Kopf R，Schneider J，et al. Criticality analysis of spare parts management：a multi-criteria classification regarding a cross-plant central warehouse strategy[J]. Production Engineering-Research and Development，2015，9：225-235.

[156] Ozsen L，Coullard C R，Daskin M S. Capacitated warehouse location model with risk pooling[J]. Naval Research Logistics，2008，55（4）：295-312.

[157] Barbucha D，Filipowicz W. Segregated storage problems in maritime transportation[J]. IFAC Proceedings Volumes，1997，30（8）：557-561.

[158] Cassini P. Road transportation of dangerous goods：quantitative risk assessment and route comparison[J]. Journal of Hazardous Materials，1998，61（1/3）：133-138.

[159] Elshafey M M，Halim A O A E，Isgor O B，et al. Numerical and experimental investigations for safer transportation of dangerous goods[J]. Journal of Transportation Security，2009，2（1/2）：13-27.

[160] Fabiano B，Currò F，Palazzi E，et al. A framework for risk assessment and decision-making strategies in dangerous good transportation[J]. Journal of Hazardous Materials，2002，93（1）：1-15.

[161] Pang K W，Chan H L. Data mining-based algorithm for storage location assignment in a randomised warehouse[J]. International Journal of Production Research，2017，55（14）：4035-4052.

[162] Jemelka M，Chramcov B，Kříž P，et al. ABC analyses with recursive method for warehouse[C]//2017 4th International Conference on Control，Decision and Information Technologies（CoDIT）. IEEE，2017：960-963.

[163] 张壮. 集装箱港口船舶压港问题分析及解决对策[J]. 集装箱化，2017，28（6）：18-19.

[164] Ling F Y Y，Liu M. Using neural network to predict performance of design-build projects in Singapore[J]. Building & Environment，2004，39（10）：1263-1274.

[165] Mccall J. Genetic algorithms for modelling and optimisation[J]. Journal of Computational & Applied Mathematics，2005，184（1）：205-222.

[166] Ding S，Su C，Yu J. An Optimizing BP Neural Network Algorithm Based on Genetic Algorithm[M]. Boston：Kluwer Academic Publishers，2011.

[167] Patel D A，Jha K N. Evaluation of construction projects based on the safe work behavior of

co-employees through a neural network model[J]. Safety Science, 2016, 89: 240-248.

[168] Montiel O, Orozco-Rosas U, Sepúlveda R. Path planning for mobile robots using bacterial potential field for avoiding static and dynamic obstacles[J]. Expert Systems with Applications, 2015, 42 (12): 5177-5191.

[169] 马向国, 姜旭, 胡贵彦. 自动化立体仓库规划设计、仿真与绩效评估[M]. 北京: 中国财富出版社, 2017.

[170] 刘建国. 中国化学品: 现状与评估[M]. 北京: 北京大学出版社, 2015.